外国语言文学与文化研究文库
WAIGUO YUYAN WENXUE YU
WENHUA YANJIU WENKU

A Computation-oriented Study of Lexical Semantic Relations and Textual Implicit Coherence

面向计算的词汇语义关系与语篇隐性连贯研究

刘欣 ◎ 著

首都经济贸易大学出版社
Capital University of Economics and Business Press
·北 京·

图书在版编目(CIP)数据

面向计算的词汇语义关系与语篇隐性连贯研究/
刘欣著. --北京:首都经济贸易大学出版社,2020.6
ISBN 978-7-5638-3081-7

Ⅰ.①面…　Ⅱ.①刘…　Ⅲ.①自然语言处理
Ⅳ.①TP391

中国版本图书馆 CIP 数据核字(2020)第 068938 号

面向计算的词汇语义关系与语篇隐性连贯研究

刘　欣　著

Mianxiang Jisuan de Cihui Yuyi Guanxi yu Yupian Yinxing Lianguan Yanjiu

---

责任编辑	胡　兰
封面设计	小　尘
出版发行	首都经济贸易大学出版社
地　　址	北京市朝阳区红庙(邮编 100026)
电　　话	(010)65976483　65065761　65071505(传真)
网　　址	http://www.sjmcb.com
E-mail	publish@cueb.edu.cn
经　　销	全国新华书店
照　　排	北京砚祥志远激光照排技术有限公司
印　　刷	人民日报印刷厂
开　　本	710 毫米×1000 毫米　1/16
字　　数	176 千字
印　　张	10
版　　次	2020 年 6 月第 1 版　2020 年 6 月第 1 次印刷
书　　号	ISBN 978-7-5638-3081-7
定　　价	36.00 元

前　言

　　语篇连贯的计算是计算机自然语言处理的一项核心任务。对于具有连接标记的语篇显性连贯,计算机可以通过对连贯标记的学习和识别来判定语篇连贯关系。但语篇中大量存在的,缺少明显连贯标记,靠意合或无词连接而联系的隐性连贯,对于计算机而言还存在相当大的识别难度。本书从词汇的语义关系出发,从大量现代汉语叙事语篇中分析出可以标记句际隐性连贯关系的词汇语义关系类型,并总结了词汇语义关系和隐性连贯关系的对应列表,从而为计算机识别语篇隐性连贯关系提供语言学支持。

　　语言学界对连贯关系的研究起步较早,国内外学者通过对各类研究对象的研究,定义和归纳了不同的连贯关系集。词汇语义关系的研究不仅限于语言学界,图书情报学和心理学等领域都对词汇语义关系的总结有所贡献。总体来看,词汇语义关系主要分为经典词汇语义关系和非经典词汇语义关系。经典词汇语义关系包括同义关系、反义关系、上下义关系和整体与部分关系。非经典词汇语义关系包括图书情报学所使用的相关词汇(RTs)、格关系和特设范畴(ad hoc categories)。基于连贯关系和词汇语义关系的先行研究,我们旨在研究三个具体问题:(1)在现代汉语叙事语篇中,存在多少可以标记隐性连贯关系的词汇语义关系?哪些是经典的?哪些是非经典的?(2)这些词汇语义关系在体现隐性连贯关系时呈现哪些方式和特点?它们和隐性连贯关系存在怎样的对应关系?(3)计算机通过词汇语义关系来识别隐性连贯关系的应用性如何?

　　为此,本书选取近两年《读者》杂志中 20 多万字的现代叙事文为语料进行人工标注,选取出 3 万余字的句子进行分析,提出现代汉语叙事语篇中常见的词汇语义关系类型集,并总结出它们所标记的隐性连贯关系类型。继而又针对6 种词汇语义关系,从 2013—2017 年共计 90 期《读者》杂志中 300 余万字语料中选取 3 万余字的句子,提取词汇对建立了小型数据库,展开计算机应用研究,考察计算机通过词汇语义关系提取具有隐性连贯关系句子的可行性。本书从真实语料入手,对具体语篇中的词汇语义关系进行标注分析,对其所起到的连贯作用进行归纳总结。

　　本书分六章。第一章为绪论,介绍研究的背景、研究对象和目标、研究方法、研究意义和创新性。第二章综述与本研究相关的文献。本章将从多个维度对语篇连贯和词汇语义关系的先行研究进行梳理。第三章对经典词汇语义关系如何表征隐性连贯关系进行实证研究。第四章分析非经典词汇语义关系表征隐性连贯的特点和类型。第五章对计算机利用词汇语义关系识别具有隐性连贯关系的句子进行应用研究。第六章为结论与展望,归纳本研究的初步结论,总结研究不足并指出进一步要探讨的问题。

目　录

1 绪论

1.1　研究缘起

　　连贯性（coherence）是自然语言的一个核心特征。一篇具有交际性和合法性的语篇必然是连贯的，即语篇内部每一个句子都与相邻的句子相互关联，构成有机的整体。因此，语篇的连贯性主要表现为语篇内不同句子或句段之间的语义关系。如何让计算机理解并确定语篇各组成部分之间的语义关系是自然语言处理的一个非常重要的问题，对于语篇意义计算、自动文摘，以及作文评分系统开发等都有很高的应用价值。

　　对于计算机而言，比较容易识别的是依赖关联词语的连贯关系。这类连贯关系一般有比较明显的连贯标记，通常被称为连接词（conjunctives）、话语标记（discourse markers）或话语联系语（discourse connectives）等。这类词或短语一般不直接表达命题内容，与被论及的事物本身无关，但能够标记语篇连贯关系（李佐文，2003）。国内学者依据关联词语对句际连贯进行计算机识别做了一定的研究，如邹嘉彦等（1998），鲁松、宋柔（2001），姚双云等（2012）。通过对连贯关系进行分类，计算机可以识别出语篇中的一部分句际连贯关系。

　　但是，语篇中还存在大量连贯关系是缺少明显关联标记的。在没有显性标记的情况下，紧紧相邻的句子通常也被看成是相互联系的，这可以被称为意合（parataxis）或无词连接（李佐文，2003）。我们把语篇中由关联词语标示的语义关联称为显性连贯关系，而把那些缺少明显关联词语标记的语义关联称为隐性连贯关系。比如下面的句子：

　　　　我走进教室，桌子上都是土，黑板上写满了字。

　　这句话是没有明显关联词语标记的，我们人脑却可以判定它是连贯的，是有意义的。但是对丁这种隐性连贯，计算机识别却是相当困难的。据统计，到目前为止，显性篇章关系的识别准确率为90%以上，而隐性篇章关系的识别准确率仅在40%左右（宗成庆，2013）。显然针对这种隐性连贯，使用连接词来帮助计算机识别是存在局限性的。

　　关于隐性连贯，有很多研究路径，比如回指、省略和平行结构，等等，但是针对计算机的隐性连贯识别，从词汇语义关系来分析句子之间的语义关系是更为显易的方式。词汇是一个系统，词汇系统不仅包括词汇成员，也包括词汇成员之间的关系。我们把词汇层面词语之间的意义关系称为词汇语义关系。词汇语义关系是概念之间关联性的体现，它反映着思想的基本属性中的逻辑结构。词汇之间的这种语义关系可以帮助我们识别句子之间的语义关系以及连贯关系。比如上述提到的句子，"桌子"、"黑板"与"教室"之间都是部分与整体（meronymy）的关系，"桌子"与"黑板"又构成同为部分的关系（co-meronymy）。通过词汇之间的这种语义关系，我们可以判定句子之间是有联系的。最重要的是，借助这种词汇语义关系，我们可以帮助计算机识别句子之间的连贯关系。

因此，我们有必要从词汇语义关系的角度，对语篇句子之间的隐性连贯关系进行研究。词汇语义关系是如何标记隐性连贯关系的？这就是我们要研究的问题。

1.1.1 连贯关系研究

许多学者都曾注意到语篇中存在着各种各样的关系，这些关系将相邻的语篇片段连接在一起，成为有联系的总体结构。国外学者对英语语篇连贯关系的研究开展较早，Longacre（1976）认为述谓结构的组合方式包括连接（conjunction）、对比（contrast）、比较（comparison）、选言（alternation）、时间重叠与连续（temporal overlap and succession）、蕴涵（implication）以及因果关系（causation）。Halliday和Hasan（1976）在衔接理论中提出四种句际连接关系，即添加（additive）、转折（adversative）、因果（causal）和时间（temporal），其中细小的分类达50种。Hobbs（1985）的连贯关系理论提出四大连贯关系，包括时机（occasion）、评价（evaluation）、背景和解释（background and explanation）、扩展（expansion），每种大类又包含若干小类。Mann和Thompson（1988）提出了28种修辞关系，后来增补到30多种。

中国学者借鉴外国学者对英语语篇的研究，提出了汉语的连贯关系集。吴为章、田小琳（2000）对句群的分析，得到12种结构关系，分别是并列、连贯、递进、选择、总分、解证、因果、目的、条件、转折、假设和让步。邢福义（2001）提出了因果、并列、转折复句三分系统，并进一步细分为因果、目的、选择、推断、并列、转折、假设、连贯、让步、条件、递进、假转的 12 种复句关系。乐明（2006）在修辞结构理论的基础上定义了 12 大组 47 种汉语的修辞关系。梁国杰（2016）通过对汉语叙事语篇的标注，提出并定义了 15 种语篇连贯关系类型：添补关系、话题转换关系、释因关系、纪效关系、结果关系、阐释关系、平行关系、比拟关系、引述关系、信源关系、确认关系、修正关系、反应关系、再现关系、时机关系。

　　以上对连贯关系的研究主要针对显性连贯关系，且多依据的是连接词或短语这样的关系标志。针对隐性连贯的研究还不多，特别是系统地总结词汇语义关系与句际隐性连贯之间关系的研究更少。

1.1.2　词汇语义关系研究与隐性连贯

1.1.2.1　经典词汇语义关系与隐性连贯

　　词汇语义关系研究一直是语义学的研究重点，特别是近年来，语义关系的研究在语义推导、知识组织系统操作、信息检索等领域越来越显示出重要的意义。我们要关注的就是词汇语义关系对标记自然话语隐性连贯的贡献。对于词汇语义关系的分类研究，很多学科的语义关系研究都为语义关系分类提供了参考，比如语言学（Cruse，1986；Murphy，2012）、计算语言学（Fellbaum，1998；Vossen，1998）、图书情报学（Green & Bean，2001），以及心理学（Chaffin & Herrmann，1984；McRae & Boisvert，1998）等等。这些研究都总结出了一定的语义关系分类，Lakoff（1987）将那些有相似特征的词汇归为"经典"范畴，其中最为普遍的即为同义（synonymy）、反义（antonymy）、上下义（hyponymy）和整体与部分（meronymy）的关系。这些经典的词汇语义关系广泛存在于句际语义关系中。

　　比如下面的几个例子：

　　①**知道**取舍，**懂得**收放。
　　②**高**的是妈，**矮**的就是个独生子。
　　③让我们吃点**甜品**吧！**冰激凌**怎么样？
　　④**头**有点秃，用边上的毛遮掩着，他的**头发**一根是一根，看起来十
　　　分珍贵。

在例①中,"知道"和"懂得"是有相似意义的,因为两者的语义关系,句子之间体现为一种平行关系。在例②中,"高"和"矮"是一对反义词,因而两小句之间的关系表征为对应关系。在例③中,"甜品"是"冰激凌"的上义词,两句因此体现为包含关系。在例④中,"头"与"头发"是整体与部分的关系,句子之间也因此具备了详述关系。

1.1.2.2 非经典词汇语义关系与隐性连贯

在现实语篇中,还存在一些特殊的词汇语义关系,它们不属于以上提到的经典词汇语义关系范畴,但也在语篇中起到连接作用。

比如下面这段话:

> 他的葬礼如期举行。葬礼现场,挽幛低垂,纸钱翻飞,哭声呜咽声响成一片。

在这段话中,我们能感受到"葬礼"和"挽幛"、"纸钱"、"哭声"存在某种关系,但这种关系显然不属于以上提到的任何一种经典词汇语义关系范畴。

Lakoff(1987)将那些没有相似特征的词汇归为"非经典"范畴,比如"板球",以及其所包含的"球"、"球场"和"裁判"。

Lakoff(1987)举了 Barsalou(1983)的"特设范畴"(ad hoc categories)的例子。Barsalou 对这类范畴的定义是"匆忙为某一直接目的而建"。他认为人们在和某一具体语篇或情景互动时会创建新的范畴。这样的例子包括"露营要带的物品"和"周末的娱乐项目"等等。Barsalou 的特设范畴大致包括两类:(1)与相同或相似的目标相关的不同活动或行为。(2)与相同或相似活动或行为相关的不同事物。这种范畴不是经典的,因为它们归纳的是不同的(不是相同的)事物、行为或活动。

综合来看,以往研究中涉及的非经典关系类型主要有以下三种:

(1)Lakoff 非经典范畴成员之间的关系。比如,"板球"等固定活动所包含的内容:"球"、"球场"和"裁判"等。

(2)格关系:

Ⅰ通用型:狗/吠(Chaffin & Herrmann,1984)

Ⅱ特定型:具体句子"他们打了它"中的"打/它"(Fillmore,1968)

（3）图书情报学词典中使用的相关词汇（related terms，RTs）之间的关系。

非经典范畴成员之间的关系只有在确定范畴所指后才能确定，否则很难定义。比如前面例子所提的"球/球场"，只有在确认范畴为"板球"后，才能确定两者的关系。经典范畴的上下义关系和整体与部分关系中，成员之间往往同为某个上义词的下义词，或者同为某个整体的各个部分。然而在非经典范畴中，成员种类各不相同，也没有标准关系型。如果词对中有一个词是范畴名称本身，那么这个词对的关系可以是格关系中的通用型（如：球/板球属于工具/活动），或者图书情报学相关词汇的类型（如：**球场/板球属于处所/活动**）。经典范畴中上下义或整体部分关系与非经典的关系类型并不相同。虽然从宽泛意义上来讲，球、球场和裁判都可以看作是板球的一部分，但传统文献中对整体部分关系的定义还是有区别的，而且要更严格（Cruse，1986；Winston et al.，1987；Murphy，2012）。

格关系主要有两种类型：通用型和特定型（对具体句子而言）。Cruse（1986）将通用型格关系定义为"零转换同源词"（zero-derived paronymy）。例如工具格（挖/铁锹或者扫/扫帚）和目标格（驾驶/机动车或者骑/自行车）。他注意到在工具格里，对名词的定义很可能要提到动词，而在目标格里，对动词的定义很可能包含名词。Fillmore（1968）所定义的格关系是句内的语法关系，是使用于具体句子之中的。有时这些格关系可以同时是句子特定型的和通用型的（比如"那只狗在吠叫"中的"狗/吠"）。

非经典词汇关系型的研究主要集中在图书情报学领域。在最初的词库建设过程中，由于开发者依据传统的词汇分类等级，很多相关词汇（related terms）都没有被包括进来。后来由于现实需要，越来越多的相关词汇类型被加入进来。Neelameghan（2001）综合各种研究成果，总结出了大约 30 种非经典词汇语义关系类型，包括因果关系、修饰关系、活动顺序、具体语境包括的人群，等等。

以上这些非经典的词汇语义关系在句子的隐性连贯关系上起到什么作用？不同的词汇语义关系可以表征什么类型的隐性连贯关系？这些问题都尚缺乏系统研究，也正是本书需要研究的问题。

总之，要分析语篇的隐性连贯关系，可以从词汇语义关系入手，而词汇语义关系的先行研究已经表明，这种研究不仅会涉及经典词汇语义关系，更会涉及非经典词汇语义关系。在研究方法上，应该从具体语篇出发，从语篇中抽取有意义关联的词汇语义关系，分析语义关系类型及其可以体现的语篇隐性连贯关系。

1.2 研究对象和问题

从词汇语义关系角度探讨语篇的隐性连贯，是为计算机识别服务的。从语篇出发，分析词汇语义关系如何建立隐性连贯关系，并总结可用于隐性连贯识别的词汇语义关系类型以及连贯关系类型，这方面的研究还未有深入。尽管语篇结构和成分复杂，词汇语义关系不可能充分代表句际连贯关系，但自然语言中存在一定数量和结构的语篇可以通过词汇语义关系对隐性连贯加以判定。对于计算机而言，这是较为显易的"桥梁"。鉴于此，本研究力图基于语料，通过对一定样本的语篇进行分析，展开表征句际隐性连贯的汉语词汇语义关系研究，分析总结经典和非经典词汇语义关系体现的隐性连贯的类型和特点，从而为语篇隐性连贯分析以及意义的计算提供支持。研究旨在通过实证研究回答以下问题：（1）基于语料的分析，可以发现哪些表征隐性连贯的汉语词汇语义关系类型？哪些是经典语义关系，哪些是非经典语义关系？（2）这些词汇语义关系在体现隐性连贯关系时呈现哪些方式和特点？（3）计算机通过词汇语义关系来识别隐性连贯关系的应用性如何？

1.3 研究方法

本研究的具体步骤主要分为三个层次，第一步为语篇的人工标注，从局部连贯出发，对语料中具有隐性连贯关系的句子进行词汇语义关系标注。

本研究的语料主要来自《读者》杂志的现代叙事语篇。笔者选取了2016年第13期至24期中的现代汉语叙事语篇100篇，每篇篇幅均为2000字左右，分析语料共计20余万字。笔者摒除了诗歌和翻译文体，语篇内容主要涉及人物、社会和文化等领域，并不涉及对话和历史，其目的是尽力保持语料的一致性，尽力贴近现代叙事白话文题材。这类语篇与科技语篇、学术语篇等专业语篇不同，在自然语篇中有更为广泛的应用，也更多地存在依靠词汇语义关系而关联的隐性连贯关系。

在语料的处理方面，笔者将研究视角关注于语篇的局部连贯，特别是小句之间的句际关系。关于小句的定义，宋柔（2000）从自然语言处理的角度认为："语言学中对于汉语的'小句'并无公认的定义。考虑到语言学中定义的困难，并限于计算机处理汉语的能力，我们在这里把小句定义为由逗号、句号、分号、叹号、问号，以及表示直接引语的冒号和引号所分隔的字符串。"陈平（1991）对小句的划分也基本遵从了标点句的划分标准，认为"可以把用逗号、句号、问号等断开的语段算作小句"。这种划分简便快捷，尤其更适合计算机对汉语语篇的处理。因此在本研究中，笔者主要按照标点符号对小句进行切分，研究对象为由逗号、句号、分号、叹号、问号、省略号、冒号、破折号所分隔的"标点句"。以词汇关系为连接纽带的句际连贯关系较为复杂，有时可跨越多个句群，因此在研究中，笔者将研究范围主要限定在以句号为结束的自然句内，即关注句内以标点分隔符分隔的小句之间的句际关系，也涉及极少的相邻自然句的句际关系。

本研究力图探求相邻小句中的词汇语义关系所标记的句际隐性连贯，因此选取缺乏连贯关系标志，然而通过小句之间的词汇语义关系可以构成小句连贯关系的句子，从中总结词汇语义关系对句际隐性连贯所起到的作用。

在进行人工标注过程中，笔者对小句进行了取舍，对以下句子不予选取：

（1）有明显关联标记的句子，如：

　　①成年人的童心不是天真，而是看透世界后的宽容与坦率。
　　②他们一起经历了温暖，也经历了风雨。

这两个例子中，例①是虽然不存在有明确语义关系的词对，但存在"不是……而是……"的连贯标记词来表示句际关系。例②是词汇语义关系上存在"温暖"与"风雨"的反义对应关系，但也存在连接关系词"也"来明示句际关系。

（2）通过重复进行的句际连接，如：

　　③住处附近有一座庙，庙里种有很多玉兰花。

④母亲的信太短，短到没有起承转合，短到没有抬头落款，短到就剩下两个字。

这两个例子中，例③是通过重复"庙"来表明详述关系。例④中"短到"的几次重复已经形成了结构连贯。在这样的例子中，尽管有语义关系，如"信"与"抬头"、"落款"形成的整体与部分的关系，但笔者还是采取省力原则，特别是有利于计算机识别的原则，而不建议使用词汇语义关系来进行连贯关系判定。

（3）不具有典型关系的句子，如：

⑤我坐在大河边上，望着那条河，把地上的石子、瓦片一块一块狠狠地砸到水面上。

⑥我看见母亲把一副银制餐具拿起又放下，惊慌失措地拿提花餐巾去擦她面前的一小滴汤汁。

在例⑤和例⑥中，虽然"河"与"水面"存在"部分与整体"的关系，"餐具"和"餐巾"存在"同为下义词"的关系，但它们在句中的作用并非主导，并不能标示小句之间的关系。

（4）不具有基本语义表述单元的句子，如：

⑦我的物理老师，我的化学老师，我的数学老师，乃至教我们打篮球、跳绳的体育老师，都是苏州城里名校的名师。

在例⑦中，由逗号分隔出的小句"我的物理老师"，"我的化学老师"和"我的数学老师"，属于名词性短语，不具备基本的表达语义的单元。在选择句子时一般遵循小句中存在以动词为基本语义单元的原则。

对语料进行人工标注后，第二步，笔者对选出的句子进行统计和分析，总结词汇语义关系类型，及其所标记的隐性连贯关系的特点、方式和类型。第三步，利用分析得出的结果，笔者采用实验法，设计程序，检测计算机识别隐性连贯的应用性。

1.4　研究意义和创新性

1.4.1　理论意义和实践意义

语篇的连贯一直是语篇研究的重点，而其中隐性连贯的研究更具有难度，因此更亟待开展。虽然学界公认词汇语义关系是语篇衔接的一种方式，但系统的、实证的研究还不多见。尤其在中国，面向计算，基于语料，表征语篇隐性连贯关系的汉语词汇语义关系研究尚存在空白。这一研究在一定程度上深化了语篇连贯和汉语词汇语义关系的研究，更为重要的是为计算机的语篇隐性连贯识别，信息检索和语义计算等提供参考。

篇章话语自动处理的一个核心任务是语篇连贯的计算。要实现语篇连贯的自动分析，不仅需要计算机语言处理技术，还需要语言学信息和资源，供计算机学习和建立分析模型。本研究的实践意义在于分析词汇语义关系与语篇隐性连贯之间的关系，为计算机识别语篇隐性连贯关系提供语言学支持。

1.4.2　创新性

本研究基于汉语叙事语篇语料库，旨在通过语料的分析和语义关系标注，整理归纳汉语词汇语义关系如何表征隐性连贯关系，从而为语篇的隐性连贯关系研究提供实证研究支撑，这是对语篇隐性连贯研究领域的一大补充。

对于连贯关系的研究，以往关注的多为有连贯标记的复句，对于从词汇语义关系表征的隐性连贯关系研究还不深入。而词汇语义关系的研究，多采用规定数据或自动语料分析，研究因脱离具体语篇，关系难免不够全面。而本研究从真实语料入手，对具体语篇中的词汇语义关系进行标注分析，对其所起到的连贯作用进行归纳总结。研究方法和分析角度都是以往研究较少涉及的，其研究成果对于汉语词汇语义关系以及语篇隐性连贯的进一步研究有很大帮助，同时对其他研究领域，如信息搜索和语义计算等也有借鉴意义。

1.5　研究框架

本研究首先介绍研究的背景、研究对象和目标、研究方法、研究意义和创新性。继而从多个维度对语篇连贯和词汇语义关系的相关研究进行梳理，评述和借鉴以往的研究成果。在确定了研究所借鉴的理论以及方法后，分别对经典词汇语义关系和非经典词汇语义关系如何表征隐性连贯关系进行实证研究，归纳词汇语义关系表征隐性连贯的特点和类型。为了验证以上研究成果的可行性，建立数据库，对计算机利用词汇语义关系识别具有隐性连贯关系的句子进行应用研究。最后根据研究结果，归纳本研究的初步结论，总结研究不足并指出进一步要探讨的问题。

2　文献综述

2.1　引言

连贯是语篇研究的中心议题之一，围绕连贯的概念、连贯方式和连贯关系类型，国外学者以英语为研究对象，形成了几种影响较大的理论。这些理论也影响了国内汉语语篇连贯的研究，根据汉语的特点，国内学者围绕复句关系和句群类型等展开研究，取得了一定的成果。但是在隐性连贯领域，特别是面向计算的隐性连贯关系识别方面，国内外的研究都还比较薄弱。

在词汇语义关系领域，图书情报学、心理学、语言学等学科的外国学者采取不同的研究方法，对词汇语义关系进行了分类和总结。国内的词汇语义关系研究历史久远，如今随着计算科学的发展，同义词词林等有助于信息搜索的词汇语义学研究成果日渐增多，但需要做的研究还有很多。

这一部分，笔者将总结国内外学者对连贯关系和词汇语义关系的研究。对连贯关系研究的回顾，笔者将列举连贯关系方面较有影响的几大理论，借鉴它们的连贯关系集。而对词汇语义关系的先行文献梳理，笔者将从多个学科维度来进行，借鉴其他学科对词汇语义关系的分类，为我们利用词汇语义关系研究隐性连贯服务。

2.2　连贯关系的相关研究

20 世纪 60 年代，随着话语语言学和语篇分析的发展，连贯问题开始成为语篇研究的重点。关于连贯这一概念，研究者们从语义、语用和心理认知等各个层面展开研究。Van Dijk（1977）认为连贯是一种语义属性，以每一个单独句子的解释为基础，并与其他句子的解释有关。我国学者苗兴伟（1998）也认为连贯是语篇深层的语义或功能连接关系。Widdowson（1978）从语用角度出发，认为连贯是命题所实施的言外行为之间的隐性关系。而 Givon（1995）把连贯看作心理认知过程，认为连贯存在于语篇生成和理解的心理过程中。Blakemore（2001）认为连贯是认知推理的结果，是交际者依赖认知语境寻求最佳关联的结果。研究者们对连贯的概念的认知有所不同，取决于他们对研究对象性质的认识。而笔者认为这些概念认识并不矛盾，连贯既存在于交际过程中，也存在于语篇成品中。连贯在话语交际过程中是一种心理建构，在语篇成品的分析中又以语义关系体现着这种建构。这种语义关系可以是显性的，体现在语篇中的语法性词汇标记的连接，也可以是隐性的，依靠非连接性的语义性词汇标记。

在语篇中连贯所体现的这种语义关系是研究的重点，特别是关系的分类及识别方式。许多学者很早就开始关注这些连贯关系，例如，Fillmore（1974）的"推理关系"，Halliday 和 Hasan（1976）的"连接关系"，Hobbs（1979）的"连贯关系"，Mann 和 Thompson（1988）的"修辞关系"。这些研究虽然使用的术语不一，但研究目标是一致的，都是"连贯关系"。下面笔者将分别探讨国外学者在英语语篇连贯关系研究方面的成果以及国内学者针对汉语复句和句群关系所做的研究。

2.2.1　国外连贯关系研究

2.2.1.1　Halliday 和 Hasan 的语篇连接关系研究

1976 年，Halliday 和 Hasan 在其合著的《英语的衔接》（*Cohesion in English*）一书中系统地论述了英语中的衔接手段，在语篇连贯研究中产生了深远的影响。Halliday 和 Hasan 认为语篇是一个意义单位，由一个个句子组成，而句子之间依靠衔接组合成有意义的语篇整体。衔接本身是个意义概念，但是要通过词汇语法系统来实现。他们总结了 5 种衔接类型，即指称（reference）、替代（substitution）、省略（ellipsis）、连接（conjunction）和词汇衔接（lexical cohesion）。其中指称、替代和省略属于语法衔接（grammatical cohesion），而连接既包括语法的，也涉及词汇成分。词汇衔接是依靠词汇系统实现的，可继续分为复现（reiteration）和搭配（collocation）。其中复现主要包括四种类型：原词重复（same word repetition）、同义词/近义词（synonymy/near-synonymy）、上义词（superordinate）以及泛指词（general word）。而搭配则较为复杂，主要指具有语义关系的共现（co-occur）频率较高的词汇。Halliday 和 Hasan 关于词汇衔接的研究，已经包含了通过词汇语义关系表征语篇连贯的思想。复现的连接手段是本研究中经典语义关系标记语篇隐性连贯的依据。而搭配的概念是本研究中非经典语义关系体现语篇隐性连贯的一部分。对于连接这种衔接手段，Halliday 和 Hasan 主要归纳了添加（additive）、转折（adversative）、因果（causal）和时间（temporal）四大连接关系，又细分出 50 种左右的具体关系，并在此基础上对连接词

（conjunctive expressions）进行了归纳。

2.2.1.2 Hoey 的词汇重复模式研究

在衔接研究的基础上，Hoey（1991）对词汇衔接进行了更深入细致的研究，他分析了词汇重复模式在语篇组织中的作用及其对语篇连贯的贡献。通过对语篇的分析，Hoey 概括出语篇的词汇重复模式，包括简单词项重复（simple lexical repetition）、复杂词项重复（complex lexical repetition）、简单释义（simple paraphrase）、复杂释义（complex paraphrase）、上义/下义/共指重复（superordinate，hyponymic，and co-reference repetition），以及各种形式的替代联结（substitution links）。简单词项重复指的是除了封闭语法范畴内的词形变化（比如名词单复数变化）之外没有其他不同的词项重复。复杂词项重复指的是两个词项共享一个词素，但在形式上不同；或者两者在形式上相同，但语法功能不同。Hoey 通过词汇重复模式透析语篇连贯的研究方法是词汇衔接的一大发展，为从词汇入手研究连贯关系提供了启示。

2.2.1.3 Hobbs 的连贯关系理论

Hobbs（1979）认为，连贯语篇中的连续语段涉及的是相同的实体，语篇的连贯可以由一系列的连贯关系来描述，因此在语篇分析时，只要能识别出某些名词短语是共指的，就可以认为该语篇是连贯的。Hobbs 的连贯关系理论是基于知识的语篇理解理论的，他认为（1985），人们理解语篇的一个重要方面就是识别出其中的连贯关系，并且通过连贯关系，人们可以逐级建立起语篇的整体结构。

根据 Hobbs 的研究，连贯关系可以分为以下几类：时机关系（occasion）、评价关系（evaluation）、背景及解释关系（background & explanation）以及扩展关系（expansion）。其中时机关系又被细分为平行关系（parallel）、详述关系（elaboration）、例示关系（exemplification）、概括关系（generalization）、对比关系（contrast）以及反预期关系（violated expectation）。

2.2.1.4 Mann 和 Thompson 的修辞结构理论

Mann 和 Thompson（1988）提出了修辞结构理论（Rhetorical Structure Theory）。这是一种基于语篇局部关系的关于语篇组织结构的描述理论。在这种语篇结构中，语篇的每个部分都发挥着某种作用或功能。在语篇中，除了由独立的小句明确呈现的命题之外，还存在许多隐含的命题，称为"关系命题"（relational propositions）。这些命题有的由连接词来表示，有的并没有形式上的标记。他们总结了 23 种连贯关系类型，后来又增补到 30 种（表 2-1）。在大部分的关系中，存在一个核心（nucleus），语篇周边片段为外围（satellite）。这些关系可以由典型的结构图表示出来。这些结构图式具有递归特性，可以向上组合，组合成更高一级的树形结构，最后可以表达出整个语篇的修辞关系结构。修辞结构的解释力非常强，因而在自然语言处理方面获得了很高的认可和应用。

表 2-1　Mann 和 Thompson 的修辞关系集

详述关系（elaboration） 环境关系（circumstance） 解决关系（solutionhood） 意愿性原因（volitional cause） 意愿性结果（volitional result） 非意愿性原因（non-volitional cause） 非意愿性结果（non-volitional result） 目的关系（purpose） 条件关系（condition） 否则关系（otherwise） 解释关系（interpretation） 评价关系（evaluation） 重述关系（restatement） 总结关系（summary） 序列关系（sequence） 对立关系（contrast）	主题性关系（subject matter relations）
动机关系（motivation） 对照关系（antithesis） 背景关系（background） 使能关系（enablement） 证据关系（evidence） 证明关系（justify） 让步关系（concession）	表述性关系（presentational relations）
比较关系（comparison） 表述序列关系（presentational sequence） 析取关系（disjunction） 方式关系（means） 联合关系（joint）	其他关系（other relations）

资料来源：根据 Mann 和 Thompson（1988）第 257、278 页改编。

2.2.1.5 隐性连贯关系研究

国外学者对计算机识别隐性连贯关系的研究在近 10 年日益增多。他们对英文隐性连贯的识别研究最初开始于词汇特征。Marcu（2001）的研究主要基于词汇之间的依存关系，Pitler 等（2009）是从词汇语义类别入手，考察了情感倾向标志、不同动词、上下文环境和词法等特征对隐性连贯关系识别的影响。Zhou 等（2010）通过对连接词进行预测的方式进行隐性连贯关系识别测试。后来的研究又在词汇特征基础上增加了其他元素，如句法限制、实体特征和事件配对特征等。Lin Ziheng 等（2014）利用宾州语篇树库，增加了上下文特征、词对信息和依存特征来识别隐性连贯关系，Annie（2014）在识别隐性连贯关系中引入了实体特征。总体而言，隐性连贯关系的识别率还比较低，识别效果有待提高。

2.2.2　国内连贯关系研究

以上为国外学者对英语语篇连贯所提出的重要理论，在汉语语篇连贯领域，国内学者主要围绕汉语复句关系和句群关系开展了研究。

复句是包含两个或两个以上分句的句子，其篇章特色明显。复句之间的关系是复句研究的重点。邢福义（2001）从复句关系的标志出发，总结了因果、并列、转折的复句三分系统，并可细化为 12 种汉语复句关系类型，包括因果、推断、假设、条件、目的、并列、连贯、递进、选择、转折、让步、假转。

吴为章、田小琳（2000）对句群的连贯关系研究与复句研究较为类似。她们认为句群是在语义上有逻辑联系，在语法上有结构关系，在语流中衔接连贯的一群句子的组合，是介于句子和段落之间的，或者说是大于句子、小于段落的表达单位。她们也总结了 12 种句群结构关系：并列、连贯、递进、选择、总分、解证、因果、目的、条件、转折、假设、让步。

复句关系的分类更注重形式标记，修辞关系分类不太考虑词汇标记，而更注重功能分类。复句关系这种分类特点的好处在于比较好确定，缺点是对于自然语篇中无明显标记的复句关系则无能为力。为克服形式标记和功能描写之间的矛盾，中国学者梁国杰（2016）通过对语料的标注，提取可以标记显性连贯关系和隐性连贯关系的词汇标记，并总结出 30 种汉语叙述文语篇连贯关系类型（表 2-2）。

表2-2　汉语叙述文语篇连贯关系词汇标记汇总

关系类型	典型语义格式
时间序列关系	A，然后 B
添补关系	A，并且 B
话题转换关系	A……，B……
释因关系	A，因为 B
纪效关系	A，所以 B
结果关系	A，结果 B
转折关系	A，但是 B
让步关系	虽然 A，但是 B
对照关系	不是 A，而是 B
对比关系	A……，B 却……
详述关系	A，B 作为 A 的一个方面或部分
总结关系	A 作为 B 的一个方面或部分，B
条件关系	如果 A，B
解读关系	A，意味着 B
评价关系	A，B 评价了 A
阐释关系	A，B 阐明了 A
平行关系	一方面 A，一方面 B
环境关系	A，地点 B
解答关系	A，答案/办法是 B
目的关系	为了 A，B
方式关系	A，以 B 的方式
比较关系	A……，B 比 A（更）……
比拟关系	A，就像 B
引述关系	A（说），B
信源关系	A，B（说）
确认关系	A，B（确实如 A 所述）
修正关系	A，应该说是 B
反应关系	A，B（从行动上对 A 进行反应）
再现关系	A，看见 B
时机关系	A，这时候 B

梁国杰的这一连贯关系集是以现代汉语叙述文为基础，融合了显性连贯关系和部分隐性连贯关系，因此本研究将主要参考这一连贯关系集，特别是适用于隐性连贯关系类型的研究成果。

在隐性连贯研究方面，国内学者主要从认知语用角度出发，强调文化语境、情景语境对隐性连贯的理解。例如，张德禄（2003）认为隐性连贯是一种省略，需要根据情景语境和文化语境推导。在计算机识别隐性连贯研究方面，国内学者的研究还比较少。比较有代表性的是张牧宇（2013）的研究，他针对中文语篇，引入了词汇、句法和语义特征，创建模型，对"扩展关系""因果关系""比较关系""并列关系"进行识别研究。

综上所述，国内外学者对语篇连贯的方式以及连贯关系类型都展开了广泛深入的研究，以词汇衔接方式来分析语篇连贯是研究词汇语义关系与隐性连贯关系的依据。连贯方式与连贯关系类型的研究有益于计算机识别语篇连贯，但对于隐性连贯，国内外的研究都还处于摸索阶段。虽然已经有学者尝试从词汇特征和词汇依存关系角度建立模型帮助计算机识别隐性连贯，但由于缺乏词汇关系之间深入系统的研究，模型的覆盖面还不全，识别效果还不够理想。本研究即尝试在这一领域为计算机识别隐性连贯关系提供语言学支持和资源支持。

2.3　词汇语义关系的相关研究

词汇语义关系是语篇中词汇衔接的基石（Halliday & Hasan，2001；Hasan，1984；Martin，1992）。词汇语义关系的研究先于词汇衔接的研究几百年。亚里士多德曾经研究了经典语义关系，并且之后逻辑学和分类学中都开始使用这些经典关系。在近代历史中，19世纪后期心理学家在进行词汇联结研究中开始涉及经典和非经典的语义关系（Warren，1921）。继而各个学科从不同领域对词汇语义关系进行了界定和梳理，除了经典词汇语义关系，非经典的词汇语义关系类型也日渐受到重视，越来越多的学者注重对非经典词汇语义关系词表的整理和完善。

对于国外的词汇语义关系研究，笔者将分学科进行梳理。对于国内的词汇语义关系研究，将按照时间顺序进行归纳总结。

2.3.1 国外词汇语义关系研究

2.3.1.1 图书情报学中的词汇语义关系研究

在图书情报学领域，词库和专业术语数据库的开发使用比较早。词库有利于检索和索引语篇文件。词库中的词汇有的是靠从某一领域的文献中直接搜集整理而成，有的是由权威机构指定为索引或搜索词汇。词库中使用的词汇语义关系主要有以下标准：同义词或近义词（used for），上义词（BT，broad term），下义词（NT，narrow term），"相关"关系（RT，related term，指既不是同义词，也不是上义词和下义词的词汇关系）。总的来说，同义、上义和下义用来指经典词汇关系，而"相关"关系主要是非经典关系。

这些标准关系类型使得多领域信息的获取可以做到一致。为了将词库标准化，国际标准化组织（ISO）为以上基本关系类型制定了指导原则，表2-3是 ISO（1986）针对"相关"关系提出的一些范例。

表 2-3 ISO 体系中的 RT 关系类型

1	操作/过程或施事者/工具
2	研究学科/目标
3	行为/行为结果
4	概念/实体
5	概念/起源
6	因果
7	事物/反作用
8	概念/度量单位
9	短语/嵌入名词

Aitchison 等（1997）在他们的著作中介绍了更多的"相关"关系类型：部分/整体，职业/施事者或人，材料/产品，行为/实体等。

在图书情报学领域，对词汇语义关系类型有所贡献的学者早期有 Willets（1975）、Raitt（1980）和 Lancaster（1986），近期有 Vickery（1996）、Green 和 Bean（2001）。其中 Neelameghan（2001）的列表最为综合，几乎包含了大部分学者列表的关系类型。Molholt（2001）创建语义关系的方法比较独特。以下着重介绍 Neelameghan 和 Molholt 的词汇语义关系列表。

1976 年，Neelameghan 和 Ravichandra 提出了一个词汇语义关系的综合列表，包含 29 种关系。2001 年，Neelameghan 进行了微调，将关系拓展至 31 种。他的列表包括表 2-3 所涵盖的标准关系，同时也包括一些其他关系，比如"处所""活动顺序""同时发生的事件""特殊场景中活动的两个人"，等等。他的列表中包括一些非常概括性的关系，比如"实体之间的相互关系""场景或条件以及在该场景或条件会发生的事情"。这些概括性关系是一种尝试，力图把一些不属于任何关系的类型，但确实存在一定关系的词对归纳起来。表 2-4 详细列出了他的语义关系类型（2001），其中的例子都是宗教用语。

表 2-4 Neelameghan 的语义关系类型

1	过程以及该过程所使用的工具、媒介或方法（涅槃/断离）
2	过程以及结果（自我牺牲/解放）
3	序列关系（nibbana 涅槃第二阶段/magga 涅槃第八阶段）
4	过程和过程的特性（祈祷/益处）
5	过程和与过程相关的目标的特性（转化/净化心灵）
6	过程以及与过程相关的人（忏悔/罪人）
7	特性及与之相关的行为（恕罪/罪）
8	制造所需要的实体或工具（虔诚/解放）
9	被认为是另一种实体特点的实体（断离/修道生活）
10	实体和它的应用能力（先知/预言）
11	作为材料的物质及用该材料制作的物品（十字架/木头）
12	物体及与之相关的部分（天使/光环）
13	实体和它的独特属性（上帝/无限）
14	实体和它的测量单位（疼痛/剧烈程度）
15	实体和其通常出现的地方（牧师/寺庙）
16	实体和其前身或先兆（断离/救赎）
17	情况或条件以及在该情况或条件下可以发生的事（启蒙/内心安宁）
18	近乎相似或同等的概念（解放/救赎）
19	通常一起使用或发生的两个概念（悔改/宽恕）
20	以定义为基础的毗连概念（精神进步/对佛祖的质疑）

续表

21	定义中包含共同因素的概念（启示/启蒙）
22	在特殊场景下互动的两个人（精神领袖/门徒）
23	明显相反的概念，但也可能是互相影响的因素（成功/失败）
24	反义概念（谦逊/傲慢）
25	同级并列概念（佛教/基督教）
26	概念间的比较关系（断离/无私行为）
27	概念间的变异关系（断离/放弃）
28	实体间的相互影响（冥想/精神压力）
29	模范和个案关系（断离/罗摩克里希那）
30	因果关系（einsof 无限/sefirot 可计数）
31	平级关系（上帝/阿拉）

Neelameghan 的列表包括了一些经典关系，如同义和反义关系，更多的贡献在于"相关"关系，但有些关系类型比较模糊，需要进一步细化。

Molholt 主张通过列出两个关系词语的各个相斥的方面来区别词汇。他认为，一旦一个领域的词汇用这种方法进行结构化，就可以找到词汇的关联性。通过这种方法，他创建了艺术与建筑词库（AAT）。他的关系表如表 2-5 所示。

表 2-5 Molholt 的语义关系类型

1	可替代的广义词（电视塔/塔）
2	可替代的狭义词（塔/电视塔）
3	整体到部分（教堂/走廊）
4	部分到整体（畜栏/畜棚）
5	概念/使用者或创造者（从事法律的人/法律概念）
6	概念/结果行为（法律概念/法律）
7	概念/处所环境或场景（法律概念/法律办公室）
8	概念/需要的文件或产品（司法记录/法律概念）
9	施事/研究领域或结果行为（泥瓦匠/砌砖）

续表

10	施事/需要或使用的材料（泥瓦匠/砖）
11	施事/处所环境或场景（从事法律的人/法律办公室）
12	施事/需要的或生产的装备（泥瓦匠/石工或粉刷装备）
13	施事/使用或创造的文件或产品（从事法律的人/司法记录）
14	活动/结果行为（考古学/约会）
15	活动/需要或使用的材料（木工活/木头）
16	活动/处所环境或场景（学校/教学）
17	活动/需要的或生产的装备（铁匠活/铁匠活装备）
18	活动/使用或创造的文件或产品（区划图/分区）
19	材料/目标（黑白胶卷/底片）
20	区别（四方院子/庭院）

资料来源：Molholt（2001），举例选自 Molholt（1996）。

　　Neelameghan（2001）和 Molholt（1996，2001）都是通过分析关系词对而进行语义关系辨析，不同点是具体的程度。比如，关于地点的关系，Neelameghan 将之命名为"实体和其通常出现的地方"（表 2-4），而 Molholt 又进行了扩展，在地点关系上具体区分了概念、施事和活动（表 2-5）。

　　图书情报学对非经典语义关系的分析是几个学科中最详细的。尤其是 Neelameghan 的列表综合性最强。很多图书情报学的研究者的关系类型都已涵盖其中，而且，很多其他学科讨论的非经典关系类型也涵盖其中。唯一的问题是图书情报学的关系类型是没有结合语境的，只是对于索引和搜索是有效果的。

2.3.1.2　心理学的词汇语义关系研究

　　心理学界对词汇语义关系的研究多数是在词汇启动（priming）研究领域。研究者们很长一段时间遵从的是相关关系（associative relations）和语义关系的二分法。语义关系主要包括上位关系、从属关系和对等关系等经典关系。而相关关系最初被认为是源于共现的频率，是和人类头脑记忆联系机制相关的，分类不够具体化。20 世纪 90 年代以后，经典关系仍占主导地位，但非经典语义关系类型的研究也日渐增多。比较有代表性的有 Hodgson（1991），他认为词汇相关性不是由于共现频率，而是因为词汇之间的关系。McRae 和

Boisvert（1998）指出词汇相关（word association）的概念"产生很多不规则的答案"，并列出了 10 种不同关系类型的例子。下面就列举 5 位此领域的研究者对关系类型的研究成果。

Hodgson（1991）放弃了当时流行的分类方法而使用了如表 2-6 的关系类型。

表 2-6　Hodgson 的语义关系类型

1	语义的：反义词，同义词
2	相关的：概念相关词（鸽子/和平），词汇衔接（私人/财产）
3	分类：对等词（爬行动物/蛇），上义词（燃料/天然气）

Hodgson 在研究中发现，以上 6 种关系在启动实验中都会被使用。比如，"鸽子"会触发"和平"，"爬行动物"会触发"蛇"，其效果是一致的。他同时也发现词汇相关（word association）在启动效力上是一样的。

Hodgson 对词对的进一步研究表明，概念相关词的分类是一个非常混杂的系统，包括工具关系（剃须刀/剃须）、制作原料（羊毛衫/羊毛）、处所（大海/船），还有一些比较难分类的，比如牙医/牙齿、绳子/狗。这个分类与图书情报学的相关关系以及非经典关系很类似，因为它也不属于上下义关系或同等关系。对于概念相关词的分类可以进行进一步的区分。

Moss 等人（1995）的研究依据的是传统的相关关系和语义关系分类，但是他们在语义关系分类中不仅包括了分类关系，还包括了功能关系。他们对关系的分类如表 2-7 所示。

表 2-7　Moss 的语义关系类型

1. 相关性：标准词汇相关
2. 语义的：
·分类关系（猪/马）
·功能关系：
○ 脚本关系（红酒/饭店）
○ 工具关系（地板/扫帚）

Moss 等人发现语义关系产生不同的启动效果，取决于词对是否同时具有

相关性。他们同时也发现自然分类（猪/马）和工具相关词（扫帚/地板）产生的启动效果最大，而脚本关系相对来说启动效果差。这些发现表明了关系分类的重要性。他们的功能关系就是非经典关系。

Thompson-Schill 等人（1998）的研究也是以相关关系和语义关系的二分法为基础的。他们没有将相关关系进一步分类。他们将语义关系作为一个大的未经分类的群体，对语义关系进行了一些分类（表2-8）。

表 2-8 Thompson-Schill 等人的语义关系类型

1. 相关关系
2. 语义关系
·对等词
·上义词
·功能（剪刀/剪）
·整体/部分
·主题（引座员/电影）

他们也使用了一些不符合表2-8任何类别的语义关系，比如坑洞/月亮（属于处所，或整体部分关系），以及出现/看到（因果或动作包含关系）。Thompson-Schill 等人的研究使用了很多不以种类为基础的语义关系，其中很多都是非经典的。

McRae 和 Boisvert（1998）也使用传统的二分法进行了实验。他们使用的关系几乎全部是以种类为基础的，因此是经典的关系，所以他们的分类非常简单（表2-9）。

表 2-9 McRae 和 Boisvert 的语义关系类型

1. 相关关系
2. 语义关系：种类对等词

但是他们的实验表明，由种类对等词所代表的语义相似性也可以产生启动效果。更重要的是，他们认为这种二分法应该被摒弃，词汇概念中存在很多关系类型，需要对它们展开研究，这体现了他们对非经典词汇语义关系的重视。

Spellman 等人（2001）在词汇语义启动实验中使用的关系分类和其他研究者的研究很不同。他们虽然也涵盖了一些以种类为基础的关系，比如上下义关系、整体与部分关系等，但同时也使用了一种被他们称为"普通"的语义关系，这种关系相对没有那么抽象或概括，而是以具体动词为基础的。所有这些关系实际上是非经典的类型。他们的分类如表 2-10 所示。

表 2-10　Spellman 等人的语义关系类型

1	用作……
2	工作地点
3	生活地点
4	由……制作
5	储存在……
6	……的外在
7	……的部分
8	动词反义词
9	下义词
10	上义词

Chaffin 和 Herrmann（1984）研究并列出了最为详尽的语义关系列表。他们摒弃了二分法，使用了一种意义推定实验来对 31 种未经证明的语义关系进行推定。这个实验中，参与者要将 31 张卡片分别归入相似关系中。每一张卡片包含 5 种该关系的例子。这些未经证明的语义关系总结自前期的分类框架，而且包括了其他语言学家和哲学家的分析结果。Chaffin 和 Herrmann 使用了全部 31 种关系，这个数字远大于其他研究者，并且将这些关系分成了 5 组（表 2-11）。

表 2-11　Chaffin 和 Herrmann 的语义关系类型

	对比	
1	反义	对立：二元对立（生/死）
		相反：在一个可持续维度对称相反（冷/热）
		方向：时间或空间相对（之前/以后，上面/下面）
		逆转或颠倒的：相反的行为（买/卖）
	对立	非对称相对：在一个可持续维度上相反（热/凉爽）
		不兼容：一词的涵义与另一词涵义的一部分相对（坦诚/虚伪）
		伪反义：基于一个词的隐含涵义的对立（受欢迎/害羞）

2	相似	同义词：有相同涵义的词（轿车/汽车）
		维度近似（笑/微笑）
		特性相近（耙子/叉子）
		必然属性：定义特性（柠檬/酸）
3	类别包含关系	认知的（动物/马）
		功能的（工具/汽车）
		状态（情绪/害怕）
		地理（国家/俄罗斯）
		活动（游戏/象棋）
		行为（烹饪/煎炸）
4	格关系	施事/行为（狗/狗吠）
		施事/工具（农民/拖拉机）
		施事/客体（水暖工/水管）
		行为/受试（打扫/地板）
		行为/工具（切/刀子）
		引发属性（食物/美味）
5	部分/整体	功能物体（飞机/机翼）
		功能处所（厨房/冰箱）
		地方（德国/汉堡）
		组织（大学/管理办公室）
		集合（树/森林）
		团体（全体教员/教授）
		成分（比萨/奶酪）
		度量单位（英里/码）

实验表明，人们对经典语义关系如"对比""相似""类别包含""部分与整体"关系的认知是不存在困难的。与其他四个都不同的格关系，需要被单独区别出来。格关系以及"特性相近""必然属性"都属于非经典关系。

他们还将关系集进行进一步对比、组合，归纳了如下的三种关系：

（1）对比（对比）/非反义（其他四组关系集）

（2）逻辑（相似，类别包含）/语用（格，部分/整体）

（3）包含（类别包含，部分/整体）/非包含（格，相似）

对比关系是被试最容易区分的关系，另外两个分类是根据除反义之外的四个关系集进行的：相似、类别包含、格、部分/整体。

Chaffin 和 Herrmann 给第二组关系的命名是"逻辑/语用"。他们认为逻辑层包含的关系是基于相似性，在两个词的意义上有重合。而语用层不包含意义的相似性，两个概念是靠语用联系相连接的。有一点需要注意的是，Chaffin 和 Herrmann 没有在任何关系分类里提到原因关系。尽管在 19 世纪末到 20 世纪初的很多研究分类研究中都是包括原因关系的，而且很多图书情报学研究者也将原因包括进分类中。

Chaffin 和 Herrmann 在他们的逻辑关系中包含了必然属性关系，而将引发属性放入了语用关系层面。但是实验表明，被试将必然属性归入逻辑层次当中，并将引发属性看作是必然属性的一个次级。这是可以理解的，因为这两种属性确实存在意义相重合的地方。从定义来看，它们都包括名词必然的或常用的属性。但为什么 Chaffin 和 Herrmann 将引发属性归入格关系，还不是特别明确。

Chaffin 和 Herrmann 所给出的格关系的例子都是与语义相似性无关的，并且分为五个不同类别（施事、行为、工具、客体和受试）。比如，施事（狗）和行为（吠）是没有相似意义关系的，但是两个词的语义联系度却很高。意义相似度（两个词语的意义重合）往往和语义相关度相混淆。而且语义相关通常会被误认为"语义相似"，因此对于语义相似和语义相关要进行进一步的区分。这个区别对于分辨经典/非经典意义关系，Chaffin 和 Herrmann 的逻辑/语用关系以及图书情报学里的非相关/相关关系是非常有帮助的。总体来说，经典、逻辑和非相关关系强调的是意义相似，而非经典、语用和相关关系包含的就是语义相关，而不是意义相似。

从以上的文献分析我们可以看出，心理学词汇启动领域的研究一直依据相关关系/语义关系的两分法，因而分类存在一定局限。Chaffin 和 Herrmann 使用了跨学科的方法来研究关系类型，做到了详尽化，但是忽略了以原因为基础的关系类型。同时心理学词汇启动研究证明经典的和非经典的词汇关系都可以促使启动的出现，这表明对两种关系类型的划分是恰当有效的。

2.3.1.3　语言学和计算语言学的词汇语义关系研究

语言学界对语义关系的研究多集中在经典关系范畴，Cruse（1986）和 Murphy（2012）的研究都体现了这一点。只有 Fillmore（1968）的研究是一个特例，他的格关系关注的是非经典关系。他后来把理论发展成框架语义学（1982），并将实践运用于 FrameNet 项目上（Fillmore 和 Baker，2001）。

Evens 等人（1980）的研究将语言学和计算语言学连接起来，可以说是在词汇语义关系领域的第一次真正的跨学科尝试。他们研究的关系类型包括了经典和非经典类型。对关系类型的一个主要应用就是信息搜索（Wang et al，1985）。

在计算语言学领域，Sparck Jones 和 Boguraev（1985）创建了 28 种格关系的列表，其中很多关系都是非经典的，有一些关系在其他领域也有所涉及。Spark Jones 和 Boguraev 没有指出自动识别这些关系的方法，在计算语言学领域，多数使用的是 WordNet（Fellbaum，1998），其中多数关系都是经典关系。但是研究者们对非经典关系也日益关注。比如 Harabagiu 和 Moldovan（1998）力图扩大 WordNet 关系列表，其中很多增加的关系都是非经典关系。Girju 等人（2004）也创建了一个 35 种关系的列表，其中大多数是非经典的。EuroWordNet（Vossen，1998）已经拓展了 WordNet，加入了很多非经典关系。很多格关系都被加入其中，在这种关系中，往往词对里的一个词包含着另一个词，比如铁锹/挖、狗/吠。

（1）Cruse 和 Murphy 的研究

Cruse（1986）对语义关系研究领域贡献很大。他深入分析和定义了几种经典关系：上下义，近义词，反义和整体与部分关系，他将这几种关系归入四种理论关系型：身份（同义），包含（上下义，有时包括整体与部分关系），重叠，相悖（有时是反义关系）。与重叠相对应的关系是兼容（狗/宠物），与相悖关系相对应的是不兼容（狗/猫）。

Cruse 的研究主要是经典关系，但是也提到了两种与格关系类似的关系，他称之为"零转换同源词"（zero-derived paronymy）。例如工具格（"挖/铁锹"或者"扫/扫帚"）和目标格（"驾驶/交通工具"或者"骑/自行车"）。他注意到在工具格里，对名词的定义很可能要提到动词，而在目标格里，对动词的定义很可能包含名词。Cruse 认为这些关系不是"真正"的关系，而仅仅是"虚假"关系，因为所包含的词的属性是不一样的。Cruse 还定义了一种非经典关系，叫作"内部包含"（endonymy），这种关系指"一个词的意义包含另一个词的意义"，比如"手和手套"。

Murphy（2012）对语义关系的研究比较新颖，但基本针对的是经典关系，包括同义词、反义词、上下义和整体与部分。她采取多学科的视角，融合了心理学、人类学和计算语言学。和 Cruse 一样，Murphy 关注最多的是语义关系中的一些中心关系，即"纵聚合"关系。在"纵聚合"关系中的词汇必须属于同一词汇（语法）类别，并且共享某种范式。这个范式可以是语义的（比如颜色词），也可以是屈折形式或形态学的。纵聚合关系是和横组合关系相对的。Murphy 也指出在她的分析中没有考虑格关系，但没有指出其中的原因，只隐含地表示格关系不属于"纵聚合"关系。

（2）Fillmore 的研究

Fillmore 1968 年发表了论文《"格"辨》（*The Case for Case*），影响深远。后来他开始致力于 FrameNet 的建立，这是一个基于框架语义学的词汇数据网。他的格关系是一个基于词汇语义关系，围绕句子动词的句内具体关系。

图书情报学研究者们已经在试图突破经典关系，他们加入的关系类型与格关系非常类似，只是没有使用这个名称。区别是图书情报学的类似格关系是跨句使用的，而 Fillmore 的格关系是句内使用的。另外一个区别是图书情报学的类似格关系是适合于通用文本的，而 Fillmore 的格关系所涉及的词对是依赖具体文本的，尤其是包含这两个词的句子。他的格关系是词汇之间的语法关系而不是纯粹的词汇关系。虽然如此，但关系类型是通用的。所有这些关系都是非经典的。

Fillmore 后期一直致力于 FrameNet 的创建。在框架内部，存在很多动词和名词，它们的意义包含框架的一部分，而且可以用来激发这个框架。这些词汇之间的关系没有明确给出，但关系可以是非经典的。同样，与每个框架相关联的是"框架因素"，即与名词和动词相关的语义角色。同样，词汇关系是不明确的，但是词汇因素的定义给出暗含的关系。比如，"裁判"框架下的框架因素有"法官""被裁判人"和"原因"，这些词可以由"归责""崇拜""表扬""过错"等词激发。FrameNet 的一个问题是，其中的框架和框架因素太过具体，因此，要覆盖大范围的知识领域就需要海量的这些框架和因素。

（3）Evens 的研究

1980 年，Evens（1980）等人发表了语义关系的著作 *Lexical Semantic*

Relations：A Comparative Survey。在这本书里，他们采用了多学科视角，包括心理学、电脑科学、人类学和语言学。他们的列表包括分类学、修饰语、同义词、反义词、排序和"其他关系"。被列为其他关系的内容包括部分与整体、原因、空间与处所、来源。很显然，Evens 的研究包括了很多重要的，不同于 Cruse 和 Murphy 所关注的关系。很多经典关系被囊括其中，但很多非经典关系也有所涉及。

近年来，Evens 致力于将关系研究应用于提高信息搜索结果，实证研究表明，明确词汇语义关系提高了精度和召回率。他们的关系类型列表包括了经典和非经典的关系类型。

（4）Moldovan 的研究

Harabagiu 和 Moldovan（1998）的研究主要集中在扩充 WordNet 的数据库，加入更多的词汇语义关系。WordNet 是一个词汇数据库，包含的多数是经典语义关系。他们建议加入的新关系类型，多数是非经典关系并且大部分是与格关系类似的关系。他们给出了以下一些关系例子：交际者、属性、交际、施事、客体和目的。"交际者"和"交际"关系，与 FrameNet 当中的语义角色很相似，但不是传统的格关系。

近年来，Girju 等人（2004）和 Moldovan（1998）都对用关系自动标记名词短语中的词汇提出了方法建议。他们建议了 35 种关系，这些关系不仅包含了经典关系、大部分格关系、原因、属性，还有其他非经典关系也被囊括其中。

总之，在语言学领域，词汇语义关系的研究关注的是经典关系，但是 Murphy 提供的多学科调查包括了非经典关系。Cruse 也简单提到了一些非经典关系类型，但是将它们认为是"虚假"关系，因为相关词汇不属于同一类别。Evens 等人采用了跨学科研究方法，其发现的词汇语义关系列表是非常广泛的，包含了经典关系和许多非经典关系。她后期和其他人合作，使用关系来提高信息获取结果，在研究中就使用了综合的语义关系列表。综合来看，在语言学研究领域，经典关系一直是重点，但是越来越多的非经典关系也开始被使用。

2.3.2 国内词汇语义关系研究

汉语的词汇语义关系研究可以追溯到古代。语文学时期，汉语的词义研究被称为训诂学。《尔雅》是我国最早的一部词典，被视为训诂学的奠基之作。它创立了一个按意义将词语分类的系统。该词典共收词语 4300 多个，分为 2091 个条目，现存 19 篇。《尔雅》的分类体系对后世有很大影响，东汉刘熙的《释名》分为 27 篇，三国时期张揖的《广雅》完全仿照《尔雅》，明代方以智的《通雅》则添加子目。19 世纪晚期以后，西方的语言学理论开始传入我国。20 世纪三四十年代，高名凯（1948）、王力（1980）等学者运用西方的传统语义学观点来说明汉语的词义发展现象。

20 世纪 50 年代以后，现代汉语词汇学逐渐发展成为一门独立的学科，汉语词汇语义研究有了很大的飞跃。孙常叙（1957），何蔼人（1957），崔复爱（1957），张静（1957），周祖谟（1959），王勤、武占坤（1959）等对现代汉语的词义性质、同义词、反义词，以及词义演变等问题进行了全面探讨。其中，同义词受到广泛的关注，强调在组合关系中考察同义词（王惠，2004）。但这个时期对汉语词汇语义系统的认识还不够深入。

20 世纪 70 年代开始，词汇语义系统的研究逐渐展开。20 世纪 90 年代，随着语言研究的深入及语言工程实践的推动，语言研究形成一种"词汇主义"思潮，词汇语义学成为前沿课题之一。这时期不仅出版了一些汉语语义专著，还出版了词汇语义学专著，如张志毅、张庆云（2001）的《词汇语义学》。

汉语词汇语义关系研究是汉语词汇语义研究的重要内容，这些研究大致可分为两种。一种是从汉语出发，对语义场本身进行研究。石安石（1993）从 5 个方面分析"词间语义聚合关系"。黎良军（1995）把词义关系分为两大类：同类相关和异类相关。异类相关是指词义的组合关系；同类相关则是我们讨论的词汇语义关系，他将其分为 5 种。符淮青（1996）把词汇场、语义场改称词群，根据词群成员的意义关系给词群分类，分为同义近义词群、层次关系词群、非层次关系词群、综合词群。詹人凤（1997）把语义场称为"聚合体"，又具体细分为 9 种。贾彦德（1999）把语义场类型分为 10 种，并且认为"还不全面，还不细致"。张志毅、张庆云（2001）从义位结构的角度出发，把词汇语义关系归入"义位的宏观结构"，根据底层义场中义位之间的关系，分析出"同义结构""反义结构"等 10 种结构关系。另一种是对语义场理论的应用，主要应用到词典编撰、词义分析和语言教学中。词典编撰方面的成果是出版了一些有明确理论指导的、材料丰富的同义词、反义词词典。词义分析体现为不是对单个的词进行研究，而是对整个词场进行研究，如伍铁平（1986）、符淮青（1988—1996）、李红印（2001）等学者所做的研究。这些研究还运用于词义理解、汉语词汇翻译等。在语言教学中，主要运用于词汇教学。但是这些研究存在着明显的缺陷，对各种语义关系分类标准不一，较为混乱；对语义场的运用也视野狭小，没有发挥语义场理论应有的作用。这并不是研究本身不细致，而是理论本身不够完善。

进入 21 世纪后，随着计算机和人工智能领域的发展，语言学与计算机工程相结合，语义关系被广泛应用于计算机的语义推导和信息搜索领域。对汉语语义关系的分类和拓展显得越来越重要。裴江南等（2012）对客观知识体系中语义关系进行了分类研究。王知津等（2014）对知识组织系统中的语义关系进行了系统的分类讨论。但是总体而言，汉语界对词汇语义关系的分类研究还不是很系统，特别是对非经典语义关系的研究比较欠缺。

2.4　本章小结

通过对过去研究的梳理我们发现，对连贯关系类型的研究已经较为深入，词汇关系一直是连贯关系研究的重要的切口，显性连贯的识别可以利用连接词等连贯标记，这方面的成果已经较为丰富。而隐性连贯识别可以通过词汇语义关系之间的关联，这方面的研究进展还任重道远。在词汇语义关系研究方面，各学科的研究虽然已经突破了经典词汇语义关系范畴，但对非经典词汇语义关系的研究还缺乏系统性，特别是汉语的非经典词汇语义关系研究还有很大的空间，而这些词汇语义关系与篇章隐性连贯恰恰密切相关，是计算机识别语篇隐性连贯的基础。

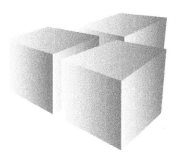

3　经典词汇语义关系与隐性连贯

同义关系（synonymy）、反义关系（antonymy）、上下义关系（hyponymy）和整体与部分关系（meronymy）是词汇语义学研究中最传统的研究领域，也是研究较为深入的几种关系。Lakoff（1987）将它们认作为经典词汇语义关系。词汇之间的这些关系在自然语言中大量存在，在语篇隐性连贯中起到重要的连接作用。在这一章，笔者将集中分析这几种关系如何表征隐性连贯，在上下义关系中也会考察共同下义关系（co-hyponymy），在整体与部分关系里也会关注到共同部分关系（co-meronymy）。

3.1   同义关系

同义关系（synonymy）指词语之间的意义关系相同或相近。在这里主要采用语言学的概念，认为词义包含着词汇意义、语法意义和色彩意义。在三者中，词汇意义处于主要地位，是词义的核心，主要表现在概念的对应性上。语法意义主要表现在词汇是否具有同样的语法作用，可以在同一个意义范畴中比较。色彩意义主要指附着在词的理性意义之上的表达人或语境所赋予的特定感受，包括感情色彩、语体色彩和形象色彩等。根据以上的意义分类，又可进一步将同义词分为等义词和同义词（符淮青，2004）。等义词是在概念义上完全相等的，如"卷心菜"和"包心菜"，"脚踏车"和"自行车"，它们在词义的各个方面都是一样的，在历史上，这样的词往往会出现更迭替代的现象，只有一个留下来，另一个被淘汰。另一类同义词，其词形词义非常接近，"义差"可以接近为零，甚至含有共同的语素（字），如"灾害"和"灾祸"，"帮忙"和"帮助"。有些同义词的逻辑内涵意义完全相同，但附属义有所不同。比如"妻子"和"老婆"，均指称配偶，词汇意义和语法意义相同，但"妻子"更加文雅，"老婆"更诙谐和口语化，语体色彩意义不同。又比如，"摧残"有贬义，"摧毁"是中性词，二者的感情色彩不同。无论是等义词还是同义词，词汇都共享相同或相近的核心意义，而边缘意义是较为次要的，不反映同义词本质特点。

同义词在语篇连贯中起到重要的连贯作用。Halliday 和 Hasan（1976）特别指出了同义词是词汇衔接的手段。Murphy（2012）列举了例子说明同义词在语篇连贯中的作用，并说明如果同义词不是完全相同，那么它们在对话和语篇中的作用会更加有价值。她认为："一个语言中同义词越多，可以表达的

词汇意义就更多，能准确表达的细微差异也更多。"（Murphy，2012）

笔者将语料中不含有显性连贯标记，但具有同义语义关系作为词汇衔接方式的相邻小句进行了标注，发现这样的小句之间多数为阐释或平行的连贯关系。

3.1.1 阐释关系

由于同义词之间意义是对等的，因此它们之间可以互为解释。小句之间的连贯关系也因此体现为阐释关系。阐释关系是指小句间后续内容是对前述内容的进一步阐述或说明。这里绝对的等义词容易在语义上形成冗余，因此在语篇中存在数量较少，所起到的联系作用也比较单一和稳定。比如下面的例子：

> 北京的**白菜**运往浙江，便用红头绳系住菜根，倒挂在水果店头，尊为"**胶菜**"。（白菜，胶菜）
> 蚕宝宝吃饱了就**睡觉**，头**眠**，二**眠**，三**眠**……（睡觉，眠）

"白菜"又名"胶菜"，"睡觉"与"眠"，两者是等义词，可替换使用，在这里起到解释说明的作用。

更多表达阐释关系的是附属义存在一定"义差"，但概念义基本相同的同义词。它们可以展现主题多层次的丰富内涵，从更多的侧面将主题进一步阐释清晰。

> 明月**漂亮**温柔，现在看她的照片仍感到有一种淡雅而持久的**美**。（漂亮，美）
> 他立刻往出连队的小路狂**奔**，**跑**了40多分钟……（奔，跑）
> 我第一次**见**金先生，是在大学一年级的第二学期，奉一位同学转达的金先生命我前去的口谕，到朗润湖畔的十三公寓**晋谒**的。（见，晋谒）
> 我用监控设备偷偷**观察**他的行动，**看**他像个幽灵般在走廊与楼梯间穿行。（观察，看）
> 从此我一直心怀**渴望**，非常非常**想**养花种草。（渴望，想）
> 他晚饭后在外面**散步**，**走**到了小公园里。（散步，走）

那个女人不停地**咒骂**着，**诅咒**他遭遇不幸。（咒骂，诅咒）

以上几个例子中，"漂亮"与"美"，"奔"和"跑"，"见"与"晋谒"，"观察"与"看"，"渴望"和"想"，"散步"和"走"，"咒骂"和"诅咒"，都是色彩意义不同而产生细微差异的同义词。"看""想""走"是"观察""渴望""散步"更口语化的表达，是更具体的阐述。它们在小句中相互呼应，使得后一小句起到对前一小句的进一步阐释说明的作用。这样的例子还有很多，比如：

无意间看到一份小报，上面赫然写着《李秋君软困张大千》的标题，说张大千到了上海，就被李秋君**软禁**在家里，**禁止**他参加社会活动。（软禁，禁止）

每天只有一个时间她是**和蔼**的，每天凌晨之后、清晨之前，她将醒未醒时最**温柔**。（和蔼，温柔）

晚上是告别**宴会**，同学聚会上最后的**晚餐**，他邀请我参加。（宴会，晚餐）

城市对人的**刻画**无形而深刻，它们在不知不觉中**塑造**着你的喜好乃至性格。（刻画，塑造）

她最喜欢的是**体验**普通人家的生活，**参加**各种能参加的婚礼。（体验，参加）

上面 5 个例子中，"软禁"和"禁止"是一对近义词，"禁止"所引导的小句，具体解释了"软禁"的内容，"温柔"回答的是"和蔼"的具体时间段，"晚餐"是对"宴会"的具体时间内容的解释，"塑造"在解释"刻画"的具体内容，"参加"是"体验"的具体行动方式。同义词对之间相互解释，使小句之间呈现了阐释的连贯关系。

3.1.2　平行关系

同义词词对之间存在微妙的语义差别，同时又不脱离基本义内核，因此可以平行表达相似的语义内容，形成连贯的语义场，小句间的连贯关系表现为平行关系。平行关系是指连贯关系中，后继小句和前述小句构成平行并举的关系。请看下面的例子：

　　他隐居在洋人街上段一个死胡同顶点的**老院子**里，那是一个完全没有过客的幽深**古宅**。（老院子，古宅）

　　但一个搞收藏的朋友说那相当于**光阴**的包浆，是**岁月**沧桑的证明。（光阴，岁月）

　　此时**夕阳**西下，**残阳**似血，余晖洒落在墓地。（夕阳，残阳）

　　帮助他们选专业，**帮忙**介绍实习机会。（帮助，帮忙）

　　（密码）最重要的是增加**神秘**气氛，把书信往来变成一种**秘密**行动。（神秘，秘密）

　　知道取舍，**懂得**收放。（知道，懂得）

　　每个故事都会被我们调整转变，用想象力去**诠释**，用联想去**解读**。（诠释，解读）

　　在文章里**鄙薄**，在茶余饭后**嘲笑**。（鄙薄，嘲笑）

　　大家都习惯了，认为这个世界本来就很**无聊**，生活正如他们所预期的一样**无趣**。（无聊，无趣）

　　担心铁路修成，火车的动静会**搅扰**了地下的祖先，**打扰**到了山神土地。（搅扰，打扰）

　　在上面的例子中，"老院子"和"古宅"，"光阴"与"岁月"，"夕阳"与"残阳"，"帮助"与"帮忙"，"神秘"与"秘密"，"知道"与"懂得"，"诠释"与"解读"，"鄙薄"与"嘲笑"，"无聊"与"无趣"，"搅扰"与"打扰"，是在词义上几乎一致的同义词，它们在小句中平行地出现，使得句义形成对等关系，形成对同一类情况或事件的多层次陈述。它们的位置可以前后替换，并不影响语义表达。

　　你的字已经**张扬**到什么程度了，你已经**浮躁**到什么程度了？（张扬，浮躁）

　　母亲跟我唠叨这件事的时候，**唏嘘**了很久，**感叹**着人生的无常。（唏嘘，感叹）

　　祖坟四周的垂柳飘拂着**无奈**，祖坟前新插的白幡飘展着**悲苦**，白色

纸钱在四处飘飞着**惆怅**，焚香的青烟从土坟前升腾起**忧伤**。（无奈，悲苦，惆怅，忧伤）

一笔长横写**清苦**。一笔斜点书**悲伤**。一笔卧钩画**凄凉**。（清苦，悲伤，凄凉）

脱下笔挺西装，**去掉**头顶的光环。（脱下，去掉）

也许是为了看她会不会被尘世的惊涛骇浪**湮灭**，家破人亡的哀痛会不会将她**摧毁**。（湮灭，摧毁）

日本尚未从战争的阴影中走出，街道**破败**，店铺**萧条**。（破败，萧条）

我**仇视**那种富而骄奢的文化，**厌恶**那种富而忘本的人和事。（仇视，厌恶）

在苇塘里**抓**螃蟹，上山**逮**野兔。（抓，逮）

他**爱**台上那些演员的腔调，**钟情**于他们形形色色的脸谱。（爱，钟情）

所有人都**兴奋**起来，我的心跟着**愉悦**起来。（兴奋，愉悦）

人要学会**收敛**自己的锋芒，**褪去**身上的光环。（收敛，褪去）

以上例子中的同义词对从不同角度出发，却表达了相近的语义，帮助小句之间构成语义平行的结构特征。

同义词按照意义相同的程度可以分为等义词和同义词。语料的分析显示，在不具备显性关联标记的小句中，同义词的存在可以起到连贯作用，存在同义词的小句之间连贯关系通常表现为阐释关系和平行关系。

3.2　反义关系

"反义关系（antonymy）"这一术语是 1867 年由 C. J. Smith 首次提出来，记录于韦氏同义词新词典（1978），用来描述词义之间的对立现象。从总体上看，英语研究中一般将反义词定义为词义相互对立（opposite）的词。Cruse（1986）、Lyons（1977）、Palmer（1981）、Leech（1981）、Hurford 和 Heasley（1989）、Saeed（2000）等学者都认为，反义词表示的是词义的对立关系。在汉语研究中，反义词主要有两种定义。一种定义由孙常叙（2006）在 20 世纪 50 年代所提出，认为反义词为"意义相反或相对的词"。另一种以胡裕树

（1981）为代表，将反义词定义为"词汇意义相互矛盾、对立的词"。

"相反""相对""对立"和"矛盾"的概念与逻辑哲学中的"矛盾（contradictory）"和"相反（contrary）"有关。"矛盾"指两对象之间不能同对或同错，没有第三种可能性；"相反"指两对象之间不能同对，但可同错，有第三种可能性。体现在汉语反义词中即表现为一对反义词所体现的两个概念之间存在着矛盾关系。例如"生-死""正确-错误""男性-女性"等，这些词之间都明显存在着"非彼即此、非此即彼"的矛盾关系，不存在所谓的中间意义。意义"相反""相对"，表现为一对反义词所体现的两个概念之间存在着两极关系。意义相对的反义词之间不是非此即彼的关系，它们的共同义域之中还存在着第三意义，如"上-下""胜-负""黑-白"等。"上-下"之间的第三意义为"中"，"胜-负"之间的第三意义为"和"，"黑-白"之间还有"浅灰""灰白"等过渡意义。

在本研究中，"意义相反或矛盾"的反义词都属于研究范围。除此以外，意义反向的反义词也在汉语中大量存在，如"买-卖"。还有一类反义词，它们体现了对应概念或并列概念，前者如"丈夫-妻子""父-母""左-右""主人-客人"，后者如"方-圆""饭-菜""格律诗-自由诗"。

反义词在小句中成对的出现可以对小句的连贯起到连接作用。

3.2.1　对应关系

对应关系在小句关系中很常见，表现为小句意义之间不存在孰轻孰重的关系，只是并列或对照陈述。

3.2.1.1　对应反义词

对应反义词在对应关系中应用很多，最典型的如人物关系：父-母（爸爸-妈妈），丈夫-妻子，婆婆-媳妇，老板-职员，等等。

> 父亲是动武，用竹条抽打我，粗暴地赶我去；母亲是搬救兵，把王老师和蒋老师搬出来说。（父亲，母亲）
> 父亲罹患重症，母亲身体也不好。（父亲，母亲）
> 爸爸走了，妈妈没有工作。（爸爸，妈妈）
> 丈夫们每天出门驾驶飞机——也许到了晚上，便回不来了。眷属们一边提心吊胆地等候，一边做着最熟悉的家乡味道。（丈夫，眷属）

库尔马罕的儿**媳妇**也来做裙子了，她的**婆婆**腼腆地跟在后面。（媳妇，婆婆）

老板端坐着，一杯咖啡摆在眼前，一副要打持久战的架势，普通**职员**在侧。（老板，职员）

一男一女，**男的**叫蒋关仁，**女的**叫王玲娟。（男的，女的）

那只张着嘴的是**公的**，合着嘴的是**母的**。（公的，母的）

小鸡叫得好凄惨，**母鸡**在我们身边团团转，咯咯咯地悲鸣。（小鸡，母鸡）

还有一类对应反义词反映的是动作上的对应关系：

结果便是：鸭梨先生**做菜**，芒果太太**吃菜**。（做菜，吃菜）

和志愿者一起**吃**塑料袋装熟食，用一次性杯子**喝**饮料。（吃，喝）

吃的米面需要女儿穿越几十公里的牧道送进来，**喝的**是井里打出的连牲畜都不爱喝的苦咸水。（吃的，喝的）

以上例子说明，对应反义词出现在相邻小句中时，如果小句的结构相似，反义词所充当的语法成分也相似，小句之间往往存在对应关系。

3.2.1.2　相对反义词

相对反义词在小句中也可以起到分列陈述的目的，但小句之间的目的不是对比，而是对应关系。可以将这种对应关系继续细分为时间关系、方位关系和层级关系。

时间关系：

早上写文，**下午**画画。（早上，下午）

早上去上学时是对着观音山，**下午**回来时对着大屯山。（早上，下午）

白天，他的马驮着游客上苍山观景，自个儿在马前揽缰行脚。**夜里**，无家可归，就与那匹马和衣而卧。（白天，夜里）

白天在大到可以打乒乓球的阳台上读书，**晚上**看烟花在温哥华海港绽放。（白天，晚上）

她**白日**不回家，在我们与后邻超市之间的绿带隙地游荡，**晚上**回来

吃完饭。又不见踪影，一度我们以为终会失去她。（白日，晚上）

平时还是鸭梨做菜，**周末**，厨房让给芒果。（平时，周末）

夏天，蚊蝇成群，叮得牛羊到处乱窜；**冬天**，雪厚近一米，这里几乎与世隔绝。（夏天，冬天）

黑暗**过去**是一个象征，**现在**很具体了。（过去，现在）

现在是自动同步体重秤数据，**未来**可能一切都处于网络摄像头的监控之下。（现在，未来）

方位关系：

在我们的故乡，**楼上**总是卧房，**楼下**总是供家堂六神的厅。（楼上，楼下）

我悬浮在中间——**下够**不到湖底，**上蹿**不出水面。（下够，上蹿）

我的房间从来是一室一厅或两室一厅，**前**无院子，**后**无后门。（前，后）

他的狗队撒欢奔驰于**前**，他挽缰调度其**后**。（前，后）

排在**前面**的可以吃到稍稠点儿的稀饭，排到**后面**就没东西了。（前面，后面）

向**南**的向南，往**北**的往北。（南，北）

前半截做生意，**后半截**睡觉、做饭。（前半截，后半截）

笼中的绣眼在飞舞鸣叫，**笼外**的绣眼围着笼子飞舞。（笼中，笼外）

产品是**外在**的形，**背后**是工匠的心。（外在，背后）

层级关系：

"隐"而能看不出的，是为隐之**上**者，从眼光中看出"我要"的表情，像这段插曲中所提及的那位小姐，为隐之**下**者。（上，下）

绝大**多数**都是心思敏捷，想象力丰富，吃一块肉的时候，会回味起从前远方某家菜馆的手艺是如何高明，或者惦念着明天的一顿盛宴；**少数**像甜品禅师这样的，则全神贯注于眼前所见、嘴中所尝。（多数，少数）

前者不知道疼，**后者**在努力作秀糟蹋自己。（前者，后者）

最大的直径足有一米，平时放在八仙桌下可以取暖，最小的可纳入袖中随身带着。（最大，最小）

与对应反义词类似，相对反义词出现的小句构成对应关系时，它们在小句中通常充当相似的语法成分，小句之间距离紧密，两小句之间是明显的对应表述，互相对照。

3.2.2　承接关系

在意义上相反的动作词汇，因彼此之间存在动作的承接关系，体现活动的顺序，可以标示小句之间紧密的顺承关系。承接关系是指后续内容是对前述内容的顺承延续，体现活动顺序。

> 外婆每天夜里要起来好几次，**添**桑叶，**清**蚕沙。（添，清）
> 因因追出门，**摔倒**在地上，哭着**爬起**来，又摔倒。（摔倒，爬起）
> 我一直不怎么敢看她的眼睛，偶尔**碰到**了，我赶紧**闪开**。（碰到，闪开）
> 有一天卓如在当街，**躲藏**进一个墙洞里，等待空袭警报过去再**钻出**来。（躲藏，钻出）
> 她对邵水通的微薄的物质援助，一直持续**进行**，直到"文革"开始她被批斗被停发工资才被迫**结束**。（进行，结束）
> 手一**松开**，撕得钻心一疼，不及多想，赶紧倒上去**抓住**。（松开，抓住）
> **贷**了三十多万，二十年**还**清。（贷，还）
> 肚子**饿**了，上岸到小卖部买东西，**吃饱喝足**再下水。（饿，吃饱喝足）
> 69岁的翁同龢早已**脱下**一品朝服，**穿上**一件玄色长袍。（脱下，穿上）
> 面要煮得好，**放下去**的时候，得立刻**捞起来**。（放下去，捞起来）

在上述的例子里，先"添"后"清"，"摔倒"了才要"爬起"来，"碰到"之后要"闪开"，"躲藏"之后要"钻出"来，"进行"之后会"结束"，"松开"之后是"抓住"，"贷"了要"还"，"饿"了要"吃饱喝足"，先"脱下"后"穿上"，"放下去"之后是"捞起来"。词汇之间体现了顺承关系，也标记了小句之间是顺承的连贯关系。

3.2.3 对比关系

对比关系是指小句之间存在意义的比较，意义是相对的。体现对比关系的反义词对，往往具有显著的对立意义。一般存在对比关系的小句，往往有独立的主语，小句中体现矛盾对立的反义词，标记了两个小句之间的对比关系。

他性格**火爆**，桀骜不驯，她**温婉**可人，淳朴天真。（火爆，温婉）

鸭梨先生**焦躁激进**，凡事不肯拖拉；芒果太太**和顺温柔**，向来风度娴雅。（焦躁激进，和顺温柔）

一对小小的喜鹊，一只**张**着嘴，一只**合**着嘴。（张，合）

真正的**冰冷**在世上，真正的**温暖**在人间。（冰冷，温暖）

这种蝴蝶极**小**，不太好看。好看的是**大**红蝴蝶，满身带着金粉。（小，大）

祖父戴一个**大**草帽，我戴一个**小**草帽。（大，小）

小毛病有几桩，**大**病尚未报到。（小，大）

它们**气急败坏**，我们就**喜气洋洋**了。（气急败坏，喜气洋洋）

（保健品价格）太**高**了，心疼；太**低**了，怕没效果。（高，低）

那只自由的野绣眼，翠绿色的羽毛要**鲜亮**得多，相比之下，在笼里的绣眼毛色显得**暗淡**无光。（鲜亮，暗淡）

弟弟**胖**，像他；个头**矮**，像他妻子。姐姐**瘦削**，像妻子；个头**高**，又像他。（胖，瘦削；矮，高）

光看豆腐做的菜式，日本人往往以豆腐为**主角**，不像中国菜，豆腐通常用来担任吸味的**配角**。（主角，配角）

对一些人，它是**锦上添花**；对另外一些人，可能是**雪上加霜**。（锦上添花，雪上加霜）

车来了，下的**少**，上的**多**。（少，多）

男主**外**，女主**内**。（外，内）

风**黑**。雾**白**。（黑，白）

墨**黑**。纸**白**。（黑，白）

对比关系和对照对应关系不同，对比关系后续内容与前述内容具有可比性，具有明显不同，而对照关系是一种并列关系，相互对照，并不一定在语义上有相反意义。

3.2.4 转折关系

小句之间的转折关系，表示前句陈述一种情况或事件，后句却意思一转，叙述另一种与前句相反或不完全一致的情况或事件，即后续内容是前述内容的逆转。在无转折关系词汇标记的小句中，反义词的对照出现，可以起到标示句子转折意义的作用。与对比关系不同的是，小句之间并不是强调不同事物或情况的对比，因而主语可以是一致的。

> 你以为脚踩的是**地狱**，其实是**天堂**的倒影。（地狱，天堂）
> 可是这些母亲所**熟悉**的，对我来说逐渐**陌生**了。（熟悉，陌生）
> 人永远也不会**死**的，他会在亲人无边的伤痛中顽强地**活**着。（死，活）
> 老先生说得**轻松**，我听得**沉重**。（轻松，沉重）
> 它一改从前那种**清亮高亢**的音调，声音变得**轻幽飘忽**起来。（清亮高亢，轻幽飘忽）
> 在这种相对**消极**的管理方式下，我获得了一种相对**积极**的人生。（消极，积极）
> 翁同龢的大半生是**白**的、**忠**的、**好**的，一直到69岁，突然就变成了**黑**的、**奸**的、**坏**的。（白，黑；忠，奸；好，坏）

在不存在明显的转折连接词如"但是""却""然而"的句子里，意义相反的词对对应出现，往往也可以预示小句之间存在语义的转折。

反义词汇关系是词汇关系中的经典词汇关系之一，对应反义词和部分相对反义词可以提示小句之间为并列陈述的关系，体现出小句对应的连贯关系。而意义相反的动作反义词在小句中的连续出现，可以起到提示动作顺序，承接句子连续性的作用。反义词更为独特的作用是提示小句之间的对比和转折关系，前者往往具有相互独立的主语，且反义词矛盾性更强，后者并无明显的对比比较的色彩，而强调句意的转折。

3.3 上下义关系与共同下义关系

3.3.1 上下义关系

上下义关系（hyponomy）是词汇之间的包含与被包含的关系。Leech（1981）认为上下义关系是语言意义，是一种语义包含关系。胡壮麟（2010）指出上下义关系是一种包容性的语义关系。姬少军（1992）认为，上下义关系是以"内涵"意义为基础，是词义较具体的词和词义较笼统的词之间的一种隐性意义包含关系。上下义词可以分为上义词和下义词。词义较具体的词称为"下义词"或"下位词"（subordinate 或 hyponym），词义较笼统、概括的词被称为"上义词"或"上位词"（superordinate 或 hypernym）。比如"哺乳动物"包含"猫"和"狗"，它们之间的关系就是上下义关系。其中"哺乳动物"是更为概括和宽泛的概念，是"猫"和"狗"的上义词。而"猫"和"狗"是"哺乳动物"的一种，被称为"哺乳动物"的下义词，且彼此构成共同下义词（co-hyponomys）。上下义关系不仅涵盖了横向关系，在纵向关系上也有传递性和等级性。比如，"哺乳动物"是"猫"和"狗"的上义词，但同时，它又是"动物"的下义词。上下义词之间的这种语义关系，可以组成一个上下义关系网，对小句的关联和语篇的组织都能起到衔接的辅助作用。

3.3.1.1 详述关系

详述关系是指后续小句对前述小句或其中某个成分提出更为具体的细节补充。前后小句或部分单位之间是有涵盖或隶属关系的。在研究中我们发现，在存在上下义关系词汇的小句中，小句之间的详述关系非常清晰，其形式往往是上义词在前，下义词在后，对上义词所提及的范围做进一步的阐释和限制。详述关系又可根据下义词的数量分为具体详述和列举详述。

（1）具体详述

具体详述是指前一小句中存在笼统的上义词概念，在后一小句中出现具体的下义词，标明具体的内容、种类或名称等，前后小句之间形成紧密的具体叙述解释的关系。

年过九旬的黄永玉喜爱着红装，**嗜烟**如命，尤爱**烟斗**。（烟，烟斗）

他还不到 20 岁，却痴迷**京戏**，痴迷梅派**青衣**。（京戏，青衣）

她的**字**是真好，我最喜欢她的**小楷**。（字，小楷）

潘玉良爱唱**京戏**，尤擅"**黑头**"（花脸）。（京戏，黑头）

他平生无他**嗜好**，独**爱书**。（嗜好，爱书）

大清早，已经有**人**在街上了，两个**小青年**。（人，小青年）

它的**动作**极其灵敏，虽在小小的笼子里，上下**飞跃**时却快如闪电。（动作，飞跃）

从里面蹦出几个**茶杯**，是老袁头最喜欢的那种**盖碗**。（茶杯，盖碗）

有时也有意无意地谈**情感**，向我表露出一种朦胧的**爱意**。（情感，爱意）

绍酒坛子倒是有——老华人馆子里装**花雕**的。（绍酒，花雕）

杜聪发起**艺术**疗伤项目，通过**画画**、**歌舞**等方式帮助孩子消解悲伤。（艺术，画画，歌舞）

（2）列举详述

列举详述是指前一小句存在上义词，引出上义概念，后面的小句往往出现多个下义词，列举下义概念，分层次详细陈述，小句之间形成显著的分类列举的详述形式。

穿**衣**自然更无从讲究了，从夏到冬，单棉**衣裤**以及**鞋袜**，全部出自母亲的双手，唯有冬来防寒的一顶**单帽**，是出自现代化纺织机械的棉布制品。（衣，衣裤，鞋袜，单帽）

于爹一直活得手里有味，做着各种各样的**桶子**，有**打谷桶**、家用的**饭桶**、**米桶**、**马桶**，还有妇人用的**坐桶**。（桶，打谷桶，饭桶，米桶，坐桶）

一日**三餐**，都是开水**泡馍**，不见油星儿，顶奢侈的时候是买一点儿杂拌**咸菜**。（三餐，泡馍，咸菜）

小孩儿跑着跑着**哭**起来，一开始小声**哽咽**，忽然间**号啕大哭**起来。（哭，哽咽，号啕大哭）

各种**叶子菜**里，最清爽的是**豆苗**，吃起来可意追高古，肥甘则首推**大白菜**。（叶子菜，豆苗，大白菜）

3.3.1.2 举例关系

举例关系是指句子中的后续内容是前述内容的具体例证。小句之间举例关系的形成是由前一小句提出上义概念，后一小句出现有代表意义的下义概念，它与详述概念的区别在于下义词往往与"最……"等标记词搭配出现。

窄门多半易进，牢门最窄，也只是难以出来。（窄门，牢门）

例如夏天以豆腐做的中式开胃凉菜，最常见的大概就是皮蛋豆腐了。（凉菜，皮蛋豆腐）

每天给各个部门打电话联系选题，最可笑的是大老板看我给外交部打电话联系大使被劫案的采访。（部门，外交部）

3.3.1.3 总结关系

总结关系与上述举例关系的构成恰好相反。下义词最先出现在前几个小句，最后小句中出现上义词，对前述内容进行总结概括，小句之间呈现总结关系。总结关系，概括而言，就是前述内容为部分描述，后续内容为总体描述。

最开始，包括枣糕在内，我从网上找到了四五种甜品的加工方法。（枣糕，甜品）

我八岁开始学游泳。除了打乒乓球，那是当年最时髦的体育运动。（游泳，打乒乓球，体育运动）

他没有姐妹，母亲早已故去，这使他的生活缺少女性的关爱。（姐妹，母亲，女性）

买完童装又买少年装，甚至买了一身西装——一大编织袋的衣服，足够他穿好多年。（童装，少年装，西装，衣服）

3.3.1.4 添补关系

连贯关系中的添补关系是指后续内容是前述内容的概括性补充说明。通过上下义关系体现的添补关系，主要表现形式是下义词出现在前一小句，上义词出现在后一小句，上义词所在小句往往是对前一小句的概括性补充说明。添补关系与总结关系的区别在于，前者前面小句中仅有一个下义词，后者有多个下义词。

> 这**电扇**其实很老，一直转了 20 年，这是作坊里唯一的**电器**了。（电扇，电器）
> 直到我去了**香港**。那是一座在许多方面都可以与北京作为一组工整的反义词出现的**城市**。（香港，城市）
> 那只芙蓉是**橘黄色**的，**毛色**很鲜艳。（橘黄色，毛色）
> 有篇文章介绍史巷 9 号**大院**，清末民初的**民居**。（大院，民居）

3.3.2　共同下义关系

共同下义词是指在关系上同为某上义词的下义词的语义关系。如上文中提到的"猫"和"狗"即为共同下义词的关系。因为在类别或属性上，共同下义词具有相似或一致性，它们所在的小句往往存在相似结构或互为补充说明的平行并列关系。

3.3.2.1　平行关系

在具体语料中，共同下义词往往提示了一种平行分列陈述的关系。

表示不同地点：

> 例如**江苏人**好甜，**四川人**爱辣，**宁波人**喜咸。（江苏人，四川人，宁波人）
> 小水去**山西**插队，我去了**北大荒**。（山西，北大荒）

表示不同动物：

> **鱼**必须是洱海的黄壳鱼，**鸡**还得是乡下的土公鸡。（鱼，鸡）
> **蜻蜓**是金的，**蚂蚱**是绿的。（蜻蜓，蚂蚱）

表示不同天气现象和天体：

> 嘶吼的**风**刮得他睁不开眼，**大雪**漫天。（风，大雪）

一片墨黑的天空正下着**细雨**，刮着**阴风**。（细雨，阴风）

几颗小银**星星**，弯刀一样的**月亮**，斜钉在天上。（星星，月亮）

表示不同工具：

他换了几个新**墨斗**，换了几把新**钳子**。（墨斗，钳子）

他用一个**茶盘**，很整齐地装着一个小泥**茶壶**和四个比咖啡杯小一些的**茶杯**。（茶盘，茶壶，茶杯）

把妈妈晾衣服的竹棍当**钓鱼竿**，缝衣针被弯成**鱼钩**，一小截铅笔做**浮漂**。（钓鱼竿，鱼钩，浮漂）

表示书法笔画：

一笔**长横**是风。一笔**斜点**是雨。一笔**卧钩**是泪。（长横，斜点，卧钩）

一捺**侧锋**是风。一横**中锋**是雨。一点**回锋**是泪。（侧锋，中锋，回锋）

表示疾病和植物：

说是治**头疼**，服了之后，脑袋立刻不疼；说是治**高血压**，也是立竿见影。（头疼，高血压）

门口种着大丛**水竹**，院内且多**果木**。（水竹，果木）

这些小句之间的结构基本类似，语义内容平等，体现的是平行并列的关联关系。

3.3.2.2 替代关系

替代关系是指后续内容是对前述内容的否定和取代。由于共同下义词之间相似的属性关系，它们之间也会存在同一类别下彼此取代或取舍的关系，这类小句关系往往会结合"没有/不……仅有……"，或"没有……改用……"的词汇连贯标记。

不带任何现代**通信工具**，随身带的仅有基本的录音和**摄影设备**。（通

信工具，摄影设备)

　　属于我的这一块床板是光的，没有**褥子**也没有床单，仅有的是头下枕着的一卷**被子**。(褥子，被子)

　　可是**手机**已经被扔在上海的老师家了，他只好用**公共电话**拨通了妈妈的手机。(手机，公共电话)

　　按说还该有**鸽子蛋**，就用**鹌鹑蛋**代替了。(鸽子蛋，鹌鹑蛋)

　　花胶、**鹿筋**买不到，就改买了黑虎虾和**牛筋**。(鹿筋，牛筋)

　　上下义关系和共同下义关系在小句衔接中可以起到非常有力的连接作用。上义词与下义词在语义上的隶属关系，使前后小句之间形成一种总述与分述的详述关系。通过对上下义词的数量和位置的变化，又可以探知前后小句之间存在总结、举例或添补关系。共同下义词在属性和意义上有相似性，因此往往可以标示小句之间并列的结构。结合具体连贯标记，也可以标示替代的连贯关系。

3.4　整体与部分关系和共同部分关系

　　在国内外的语义关系研究中，同义关系、反义关系和上下义关系一直是受关注的热点。相对而言，对整体与部分的关系的研究比较薄弱。Cruse (1986) 认为，如果两个词项 Y 与 X 符合 "An X is part of (a) Y." 或者 "A Y has X(s)/an X." 并且命题成立，那么两个词项 (Y 和 X) 就构成整体与部分的关系 (meronymy)。比如 "翅膀是鸟的一部分" 且 "鸟有翅膀"，那么 "鸟和翅膀" 即构成整体与部分的关系。但 Winston, Chaffin & Herrmann (1987) 以及中国学者方清明等 (2012) 提出的定义要更加宽泛。他们认为，在 Y 与 X 两个词项中，只要符合 "Y is partly X" 的关系，那么 X 和 Y 就是整体与部分的关系。Wilson 和 Chaffin (1987) 认为，整体与部分关系包括实体-部件、集体-成员、物质-局部、原料-实体、地区-地方、活动-特征等 6 种类型。我们还看到 Chaffin 和 Herrmann (1984) 的语义关系列表中，整体与部分所包含的关系也很多，包括：功能物体 (飞机/机翼)、功能处所 (厨房/冰箱)、地方 (德国/汉堡)、组织 (大学/管理办公室)、集合 (树/森林)、团体 (全体教员/教授)、成分 (比萨/奶酪) 和度量单位 (英里/码) 等几种类型。

我们在研究中发现，具有实体-部件（整体概念与部分）、功能处所、集体-成员、地方关系的词汇对都能体现整体与部分的关系，并比较多地存在于语篇中。这些词汇对所反映的整体与部分关系可以脱离语境而存在，是具有普遍意义的。而同时我们也发现，很多依存于语境而存在的具有整体部分关系的词汇对，体现出一种领属关系，通过语义关系将小句联系起来。研究中我们注意厘清整体与部分的关系与上下义之间的关系。上下义关系从逻辑意义上来划分就是"X is one kind/type of Y"，而整体与部分的关系是"An X is a part of（a）Y"。比如，"胳膊"是"身体"的一部分，而不是"身体"的一种。是上下义关系还是整体与部分的关系，在语义关系判定时需要额外注意。

在研究中我们发现，含有整体与部分语义关系的词汇对在相邻小句之间的出现频率很高，因而在语篇的连贯中发挥着重要作用。

3.4.1 非语境依存式整体与部分关系

非语境依存式的整体与部分关系是指词汇对之间的包含关系是具有普遍性的，是脱离语境依然存在的。比如，自行车-车蹬，浙江-杭州。这类词汇对之间的语义关系是独立稳定的，在语境外是成立的，在语境内可以帮助起到衔接语篇的作用。其基本连贯关系是含有"整体"词汇的小句表示总括意义，含有"部分"词汇的小句进行分述或详述，提供更多的细节。前后小句之间存在涵盖和隶属关系。下面按照几种具体分类来分别分析。

3.4.1.1 实体与部件

具有整体与部分关系的"实体与部件"词汇对中，前一小句的语义重心是某一实体，后一小句针对该实体的某一部分进行详述，补充实体的信息，小句之间体现为详述关系。

　　一只**大鹰**在瘦小汉子身下十余丈处移来移去，**翅膀尖**上几根羽毛在风中抖。（大鹰，翅膀尖）

　　却发现他腰上还牵一根**绳**，一**端**在索头，另一**端**如带一缕黑烟，弯弯划过峡谷。（绳，端）

　　平时并不觉得那**马**雄壮，此时却静立如伟人，晃一晃头，**鬃**飘起来。（马，鬃）

　　各人抹抹嘴，推出自己那辆灰头土脸的**自行车**来，**后轮**在坎坷不平

的人行道上颠簸着。(自行车，后轮)

法国**蟹**蒸好了，调罢姜醋，开了壳，金红的**蟹黄**在氤氲蒸汽中呼之欲出。(蟹，蟹黄)

河水清澈平缓地流着，**波光**柔和闪动。(河水，波光)

老袁头喝茶用的是那种**盖碗**，牙白细瓷，**碗身**和**碗盖**上都印有一朵小小的墨荷。(盖碗，碗身，碗盖)

明代重建**北京城**，北**城墙**向南移，修了**城门**和瓮城，扩展了**护城河**。(北京城，城墙，城门，护城河)

骡马收紧步子，**马蹄铁**在柏油路上打滑。(骡马，马蹄铁)

脚上拖着的那双干活时才穿的、还没来得及换下来的**球鞋**，**鞋帮子**早垮得没个形状了。(球鞋，鞋帮子)

值得注意的是，不是只要上下句中存在整体与部分关系的词汇，小句之间就是详述关系。存在详述关系的小句多遵循后句主语为表示"部分"的词汇的原则，或小句意义是围绕"部分"进行进一步说明。比如下面例句，尽管存在整体与部分关系的词汇，但不属于详述关系。

老伍将1000多封**信**全部编号，把**信封**、**封底**和里面的内容扫描到电脑。(信，信封，封底)

喝汤吃菜之后，还拿**手指头**在桶壁旋转一圈，吮吸沾在**指肚**上的一星半点可怜的油花。(手指头，指肚)

在以上两个例句中，第一个例句的后句不是对"部分"内容的具体详述，而是前句主语连续发出的动作。第二个例句尽管存在"手指头"和"指肚"，但"指肚"只表明主要动词"吮吸"的地点，并不是后句的主要论元。

3.4.1.2 整体概念与部分

在语料中我们发现，有些存在整体与部分关系的词汇对，并不是实体与部件的关系，而是整体概念和组成部分的关系，多见于文艺作品，如文学、绘画、书法、音乐等，分句之间的关系多为详述关系。

一个人的心要有多静，才能把**汉字**写到那么好，**一撇一捺**均是风骨。

（汉字，撇，捺）

曾看过一篇很短的科幻**小说**，**题目**忘了。（小说，题目）

张大千看到客厅里挂着一幅署名为欧湘馆主的《**荷花图**》，一枝**残荷**，一根**秃茎**，一池淤泥，飘逸脱俗。（荷花图，残荷，秃茎）

潘玉良的一生，宛如一曲时代的**绝唱**，从**序曲**、**主题**、**变奏**一直到**终曲**，奏尽了人间的起伏跌宕、四季凄凉。（绝唱，序曲，主题，变奏，终曲）

你若看潘玉良的静物**作品**，**构图**之洒脱，**设色**之独特，都是绝无仅有的。（作品，构图，设色）

正巧那一年，日本发动的侵略**战争**的战况越来越紧张，江南各地都迅速变成**前线**。（战争，前线）

旭子发现了 12 个**包裹**……**收件地址**和电话都是他无意间透露给母亲的酒店客栈，**收件人**无一不是他的名字。（包裹，收件地址，收件人）

3.4.1.3 功能处所

含有功能处所关系的整体与部分关系词汇，"整体"词汇标示了处所范围，而"部分"词汇是惯常出现在该处所的内容或部分。词汇之间的这种语义关系，可以帮助标记小句之间的关系。后续小句往往是前句的详细叙述。

万荷堂的中心是大殿，有东西两个**院落**。**东院**是一个江南园林式的仿古建筑群。（万荷堂，院落，东院）

院中间有一方占地两亩多的大**荷塘**，荷塘里有来自颐和园、大明湖各处上好品种的**荷花**。（荷塘，荷花）

三开间的一座**楼屋**，**楼上**三个楼面是二房东住的，**楼下**左面一间已另有一户人家租住。（楼屋，楼上，楼下）

有条长三百米的**巷子**叫史巷，**巷口**坐着几个绣娘，专门为人补毛衣、织物破洞什么的。（巷子，巷口）

家中藏书数万册，**客厅**里中英文书籍堆至天花板，**卧室**里，床的大半也让给了高耸的书山。（家，客厅，卧室）

1948 年秋李秋君在静安公墓（现在的静安公园）给自己买了一块**墓地**，张大千写了**墓碑**"画家李秋君生圹"。（墓地，墓碑）

到了**火车站**，离开车还有一个小时，父亲和我站在火车站**广场**上。（火车站，广场）

我往**餐厅**跑去，**桌上**放的，正是一只我深深喜爱的老瓷。(餐厅，桌上)

中式老**宅子**没了，**家具**没了，人也散了，那些与精致生活相关的**物件**都不知所踪了。(宅子，家具，物件)

但是，不是所有具有处所包含关系的词汇都可以标示句子的连贯关系。比如下面这个句子：

到了县**医院**一看，母亲早已恢复如常，一个人占着一个单间**病房**，倚在抬高的**病床**上，脑袋后面垫着雪白的靠枕。

虽然出现了"医院-病房-病床"的关系词汇，但是语句重点并不在对医院场景的描述，而在于对母亲状态的描述。所以通过"功能处所"的整体与部分关系表示详述关系的句子，通常会构成一个语义场，集中对某一场所进行情景描述。

3.4.1.4 集体-成员/地区-地方

具有"集体-成员"和"地区-地方"关系的词汇，在小句中可以标记详述的连贯关系，即表示"部分"的词汇所在小句提供了更为深入的细节，对"整体"词汇所在前句进行补充说明。

集体-成员：

有一对**情侣**常常来林间散步，**女郎**的大衣上有时沾着带雨的红叶。（情侣，女郎）

地区-地方：

冈山是空军官校所在，官校自**成都**迁来，眷属多半为**四川**人。（成都，四川）

他要给**河北**老家的亲戚汇款，听他的口音是**保定**一带的人。（河北，保定）

现在，她已经和女儿游遍**五大洲**，途经了 37 个**国家**。（五大洲，国家）

3.4.2　语境依存式整体与部分关系

语境依存式整体与部分关系是指，"整体"与"部分"词汇对之间不是普遍的整体与部分的关系，是在某语境下暂时成立的。其中"部分"从属于前句中表示"整体"的某一主语。此类关系多见于对人形象的描述。

在"老伍酒吧"，我见到了酒吧的主人**伍丹农先生**，整洁的**白衬衫**配**牛仔裤**，休闲又不失风度。（伍丹农先生，白衬衫，牛仔裤）

老太太当年八十多岁了，一根乌黑的**长辫子**绕着额际盘一圈。（老太太，长辫子）

我认真地打量**父亲**，他**身子**极瘦，**背**弓着，**前额**头发秃掉了，剩下的**头发**是花白的，**脸**上蜡黄，一看就是生病很久的样子。（父亲，身子，背，前额，头发，脸）

忽然出现了一个背着枪的**叫花子兵**，**衣衫**褴褛，**浑身**都是泥土，**头发**长得到了背上。（叫花子兵，衣衫，浑身，头发）

男孩又来了，带着半脸**胡子茬儿**。（男孩，胡子茬儿）

河边的老菜场，有肌肤黝黑的**老摊贩**，**皱纹**里都镶着神秘感。（老摊贩，皱纹）

一位病床上的**母亲**，瘦得**肋骨**凸出，**眼窝**深陷。（母亲，肋骨，眼窝）

那时的**舅舅**老了，**耳朵**基本失聪，关节炎也日益严重。（舅舅，耳朵）

在上面的例子中，我们看到"白衬衫""牛仔裤"是"伍丹农先生"的，"长辫子"是"老太太"的，"前额""头发"是属于"父亲"的一部分，"皱纹"是"老摊贩"的皱纹。其他例子同理。在这类复句中，表示"部分"的词汇是从属于语境中某一具体的"整体"概念的。除此以外，表示"部分"的词汇还可以出现在具体的细节描写小句中，起到详述和补充说明的作用。

因因被一双**手**抱了起来，回头一看，**妈妈**满脸的泪水。（手，妈妈）

牛早卧在地上，两**眼**哀哀地慢慢眨。（牛，眼）

那**牛**软下去，淌出两滴泪，**大眼**失了神，**皮肉**开始抖。（牛，大眼，皮肉）

妈妈重新揪紧他的耳朵，把他提溜起来一点儿，一根**手指**杵在他的脑门儿上，一下又一下地戳着。（妈妈，手指）

他握着我的手，**鼻翼**翕动着。（他，鼻翼）

有时候早晨小孩儿醒来，看到**小猫**睡得仰面朝天，**肚皮**一起一伏。（小猫，肚皮）

小猫凑过来，**脑袋**搁在他的手上。（小猫，脑袋）

花生是白底玳瑁**猫**，比真正的三色玳瑁猫要颀长许多，**骨架**大而又瘦骨嶙峋。（猫，骨架）

由此可见，语境依存式整体与部分词汇关系，在语篇中连接具体语境中的"整体"与"部分"，使小句之间构成连接关系，"部分"所在的小句构成对"整体"所在的小句的进一步详细叙述，前后句之间的关系为详述关系，在关系上存在包含和隶属。

3.4.3　共同部分关系

一个整体是由多个部分组成的，各组成部分之间多为平等关系。在词汇意义上，某一整体下表示各个部分的词汇之间就构成了共同部分关系（comeronymy）。例如，"莲蓬"和"莲子"为"莲"的各个部分，"嘴""眉""耳朵""鼻子"为人体五官的各个部分，"扬州"和"南京"同属于城市集合中的各个部分。当这些具有共同部分关系的词汇出现在句群中时，可以通过它们之间的关系标示小句关系。小句关系呈现出平行关系的特点，多为就某一话题的平行叙述。

那一顿暴虐的结果，是母亲浑身青紫，**腰部**软组织挫伤，**肩胛骨**骨裂，**头皮**被撕裂一块，至今还留着一个不规则的疤痕。（腰部，肩胛骨，头皮）

人世间的幸福也正如**莲蓬**一样饱满，如**莲子**一样清香。（莲蓬，莲子）

慎慎地下来，**腿子**抖得站不住，**脚**倒像生下来第一遭知道世界上还有土地，亲亲热热地跺几下。（腿子，脚）

他抿着**嘴**，拧着**眉**，噙着两汪眼泪……火辣辣的**耳朵**，酸溜溜的**鼻子**。（嘴，眉，耳朵，鼻子）

窄门矮户一旦发财做官，定要改换**门庭**，光大**门楣**。（门庭，门楣）

墓冢为黑色，大理石材料，**墓碑**上刻有中文"潘玉良艺术家之墓"。（墓冢，墓碑）

不会换气，于是把**头**露出水面，**手脚**并用游上二三十米。（头，手脚）

一**手**捏鼻子，弓**背**撅**腚**，**双脚**抽风般乱踹，而身体就像横木原地打转。（手，背，腚，双脚）

他身材不高但结实，**皮肤**黝黑，**喉结**上下翻滚。（皮肤，喉结）

先走他一个老太太赶集，**脚尖**向外一撇，**脚跟**狠狠着地，**臀部**撅起来。（脚尖，脚跟，臀部）

再走他一个老头赶路，**双膝**一弯，**两手**一背。（双膝，两手）

全神贯注地体验**门牙**咬断它、**白齿**磨碎它、**舌头**搅动它等每一个动作。（门牙，白齿，舌头）

门口种着大丛水竹，**院内**且多果木。（门口，院内）

他一直蓄着的银白**胡茬**，突然刮得干干净净，**头发**似乎也染黑了，老嬉皮的服饰也焕然一新。（胡茬，头发）

她**左手**可以一分钟扣动74下扳机，**胳膊**上的筋脉像金属丝一样隆起。（左手，胳膊）

砖是晚清的古砖，**门**是晚清的古门。（砖，门）

不用**枕头**，不用**席子**。（枕头，席子）

坐过的沙发就能分析你的**脊柱**强壮程度，测试你的**肌肉**弹性。（脊柱，肌肉）

在**扬州**的寺庙待了一段时间，师父把年幼的星云带至**南京**。（扬州，南京）

它的**眼睛**惊恐地睁大，**前腿**劈直，**胸颈**往后仰。（眼睛，前腿，胸颈）

绣眼体型很小，通体披着翠绿的**羽毛**，嫩黄的**胸脯**，红色的**小嘴**，

它黑色的**眼睛**被一圈白色包围着。（羽毛，胸脯，小嘴，眼睛）

具有整体与部分语义关系以及共同部分关系的词汇在汉语句群中比较常见。它们的对应出现，像隐形的钩子或网络，将小句连接起来。整体与部分的关系词汇可以分为非语境依存型和语境依存型，它们所存在的小句之间连贯关系比较一致，基本为详述关系，体现在"部分"词汇所在的小句是对"整体"词汇所在的小句进行详细阐述，两句之间往往具有包含关系。具有共同部分关系的词汇，因为词汇本身是平等的、并行的关系，因此它们所在的小句之间往往是平行关系，是对一个主题，分部分进行叙述。

3.5 本章小结

经典的词汇语义关系包括同义关系、反义关系、上下义关系（共同下义关系）和整体与部分关系（共同部分关系）。具有经典语义关系的词汇在语篇中的对应出现，可以无形中起到小句衔接的作用，也提供了小句连贯关系的隐形线索。通过对大量语料的分析，笔者总结出经典词汇语义关系在语篇中所起到的主要连贯作用，具体见表3-1。

表3-1 经典词汇语义关系与连贯关系

序号	语义关系类型	连贯关系类型	功能描述	关系定义	具体标记词汇或型式
1	同义关系	阐释关系	后续内容为前述内容提供进一步阐述或说明	后续小句对前述小句提出的状况或事件进行进一步的阐明或解释，使之更加容易理解	等义词和同义词
		平行关系	后续内容与前述内容平行并列，就同一问题分层次阐述	后续小句和前述小句构成平行并举的关系，就同一情况或事件从不同方面陈述	

续表

序号	语义关系类型	连贯关系类型		功能描述	关系定义	具体标记词汇或型式
2	反义关系	对应关系		后续内容与前述内容为并列关系，形成对照	后续小句与前述小句不存在孰轻孰重的关系，只是分列对照陈述，不存在显著的对比关系	对应反义词
						相对反义词
		承接关系		后续内容是对前述内容的顺承延续，体现活动的顺序	后续小句是对前述小句的继续，在意义上体现出顺承关系	意义相反的动作词汇
		对比关系		后续内容与前述内容具有可比性，具有明显不同	前后小句意义上是相对的，形成一种比较	对立反义词
		转折关系		后续内容是对前述内容的逆转	前句陈述一种情况或事件，后句却意思一转，叙述与前句相反的情况或事件	对立反义词
3	上下义关系	详述关系	具体	后续内容为前述内容提供更为具体的细节	后续小句为前述小句某个成分提供细节补充。前后小句或部分单位之间存在涵盖或隶属关系	上义词+一个下义词
			列举			上义词+多个下义词
		举例关系		后续内容是前述内容的具体例证	后续小句为前述小句提供具体例子	上义词+下义词+"最……"
		总结关系		前述内容为部分描述，后续内容为总体描述	前述小句是后续小句的部分，后续小句是对前述内容的总结	多个下义词+上义词
		添补关系		后续内容是前述内容的概括性补充说明	后续小句对前述小句进行补充	一个下义词+上义词

续表

序号	语义关系类型	连贯关系类型	功能描述	关系定义	具体标记词汇或型式
4	共同下义关系	平行关系	后续内容与前述内容平行并列，就同一问题分层次阐述	后续小句与前述小句构成平行并举的关系，就同一情况或事件从不同方面陈述	共同下义词
		替代关系	后续内容是对前述内容的否定和取代	后续小句提供另一种选择，是对前述小句的否定和取代	"没有/不……仅有……"，"没有……改用……" +共同下义词
5	整体与部分	详述关系	后续内容为前述内容提供更为具体的细节	后续小句为前述小句某个成分提供细节补充。前后小句或部分单位之间存在涵盖或隶属关系	非语境依存整体与部分关系词汇
					语境依存整体与部分关系词汇
6	共同部分关系	平行关系	后续内容与前述内容平行并列，就同一问题分层次阐述	后续小句与前述小句构成平行并举的关系，就同一情况或事件从不同方面陈述	共同部分词

将表 3-1 内容简化，可以看到经典词汇语义关系与其可以标记的隐性连贯关系的一一对应关系，总结如表 3-2 所示。

表 3-2　经典词汇语义关系与对应连贯关系

序号	连贯关系类型	词汇语义关系类型
1	阐释关系	同义关系
2	平行关系	同义关系
		共同部分关系
		共同下义关系
3	对比关系	反义关系
4	转折关系	反义关系

续表

序号	连贯关系类型	词汇语义关系类型
5	详述关系	上下义关系
		整体与部分关系
6	总结关系	上下义关系
7	添补关系	上下义关系
8	对应关系	反义关系
9	承接关系	反义关系
10	举例关系	上下义关系
11	替代关系	共同下义关系

在以上的关系类型中，阐释关系、平行关系、对比关系、转折关系、详述关系、总结关系和添补关系都是前人已经发现的连贯关系类型。对应关系、承接关系、举例关系和替代关系是本研究中发现的，可以通过词汇语义关系进行标记和提示的隐性连贯关系类型。

4 非经典词汇语义关系与隐性连贯

同义关系、反义关系、上下义关系和整体与部分关系，一直以来是词汇语义关系关注的重点，我们称之为经典词汇语义关系。经典词汇语义关系可以作为一种途径，帮助识别不具备连贯关系标记的小句关系。事实上，在现实语篇中，除了经典词汇语义关系，还大量存在着非经典词汇语义关系，它们数量众多，关系复杂。对非经典语义关系的梳理和辨识，对自然语言处理，特别是语篇连贯研究有重要的意义，它们和经典词汇语义关系一样，可以成为判定语篇小句之间连贯关系的有力线索。

以往研究中涉及的非经典词汇语义关系主要分为图书情报学中的相关词汇（RTs）、格关系和特设范畴。在本章，笔者将从这三个主要分类入手，分析汉语叙事语篇中非经典词汇语义关系和语篇隐性连贯之间的关系。

4.1 相关词汇（RTs）与隐性连贯

在相关词汇领域，最为全面的研究是 Neelameghan（2001）和 Molholt（1996，2001）的语义关系列表，我们将二者的研究相结合并应用于汉语叙事文语料的分析，总结出常见于汉语叙事语篇中相关词汇语义关系类型（表4-1）。

表4-1 现代汉语叙事语篇常见相关词汇语义关系类型

1	活动及其所使用的方法
2	活动以及结果
3	序列关系
4	过程以及与过程相关的人
5	特性及与之相关的行为
6	活动及所使用的材料和装备
7	实体及其制作材料
8	实体及其属性
9	实体及其测量单位
10	实体及其通常出现的地方
11	情况（条件、动作）以及在该情况下（条件、动作）可以发生的事
12	模范（整体）与个体关系
13	因果关系

14	人物及其常出现的地方
15	活动及其所处环境或场景
16	用途（材料/目标）
17	**实体/活动出现/发生的时间**
18	**实体及其表现形式**
19	**解答关系**

在表4-1中，1—16的相关词汇关系类型都是参照已有研究成果进行的总结，而17—19是在汉语叙事语篇的语料研究中发现的新的词汇语义关系类型。尽管词汇语义关系存在差异，但所标记的小句之间的隐性连贯关系存在共同点。或者说，小句间的隐性连贯关系是可以通过多种词汇语义关系进行推导的。下文根据小句连贯关系类型进行分类，将可以表示此类连贯关系的非经典词汇语义关系进行梳理。

4.1.1　方式关系

在表4-1中，第1项"活动及其所使用的方法"与第6项"活动及所使用的材料和装备"具有相似性，区别在于第1项中的"方法"多用动词表示，而"材料和装备"多为名词。当有这两种词汇语义关系的词对出现在句子中时，起到的连接小句关系的作用是类似的，即小句之间体现为方式关系。方式关系通常体现为前述小句或后继小句说明了实现某种情况或实现某种行为的具体方式或手段。具有这两种词汇语义关系的词汇对恰好可以起到相关的提示作用。

4.1.1.1　活动及其所使用的方法

在下面的句群里，前述小句中存在表示活动方式、方法的动词词汇，如"手指""仰头""颤抖""微笑""比画"，后继小句是方式所服务的活动，如"示意""掩饰""写""打招呼"。词汇对这种语义关系，帮助实现了小句之间以方式关系连接。

我正陪来京的亲戚闲逛，**手指**着天幕，**示意**他们去看。（手指，示意）

其实只是为了**仰着头，掩饰**我的泪光。（仰头，掩饰）

手**颤抖**着，一笔一画**写**了一副对联。（颤抖，写）

经常会遇到对面的人冲她**微笑**，手舞足蹈**比画**着，向她**打招呼**。（微笑，比画，打招呼）

和上面的几个例子顺序相反，下面这几个例子，前述小句中心议题是活动，后继小句是实现前述活动的具体方式。

我就很想把它们**留**住，**记**下来，**画**下来。（留，记，画）

我本想对他**发火**，起码也要**谴责**几句。（发火，谴责）

我发现邵水通的神色中还是透着**紧张**，似乎他身体中的每一根神经都是**绷着**的。（紧张，绷着）

2016 年街道要**整顿**，店铺被**收回**。（整顿，收回）

我和同学、邻居结伴**出发**，**步行**半小时。（出发，步行）

我们上岸**休息**，**趴**在滚烫的水泥地上。（休息，趴）

我和弟弟**祈求**过神明，**跪**在村后河湾处一座被拆除了的小庙旧址上，**叩**着一个响头又一个响头。（祈求，跪，叩）

4.1.1.2 活动及所使用的材料和装备

在下面的例子里，前述小句存在主要动词，但动词的宾语是句子的重点，是后继小句活动所需要的材料或装备，与后继小句有明显的衔接关系，帮助前后小句连接，其关系体现为方式关系。比较有代表性的或出现频率比较高的，如用"针线""缝"，用"钱""买"或"租"，用"画箱""画布""画"画。

奶奶让我把褂子脱下来，拿出**针线**，把两只袖口给**缝**上了。（针线，缝）

多少孩子……将那一根刺当成**绣花针**，为自己**绣**出美丽的图画。（绣花针，绣）

然后再翻到另一页，用心地选出**丝线**，**绣**起花来。（丝线，绣）

老阳带着仅有的 2000 块**钱**，**租**了一楼的隔断间。（钱，租）

她从自己工资里拿出五块**钱**，**买**了厚厚一沓食堂菜票。（钱，买）

盛夏时节，他背着**画箱**，顶着炎炎烈日四处**写生**。（画箱，写生）

于是，我在一张张新的**画布**上，开始**画**了许多的镜子："时光会逝去，美会留下。"（画布，画）

她把滚烫的蚕豆盛在**簸箕**里，**簸**了好长时间。（簸箕，簸）

我只是举着一台借来的海鸥牌**相机**，把所有真实的景象全部**记录**下来。（相机，记录）

不用**枕头**，不用**席子**，就把草帽遮在脸上**睡**了。（枕头，席子，睡）

只有我独自推出我的老**自行车**，一个人**蹬车**回家。（自行车，蹬车）

铁板加热，先**烤**些五花肉……（铁板，烤）

他最主要的工具是裂了柄的**斧子**和**刨子**，它们把靖港的时光碎片，在每个年代都**裁剪**得一样整齐。（斧子，刨子，裁剪）

它拍拍**翅膀**，**飞**过楼下的花坛。（翅膀，飞）

换笔记本**电脑**了，熄灯之后还可以在宿舍**上网**。（电脑，上网）

同时控制不住的，还有自己的**拳头**，在学校**打架**的次数愈发多了。（拳头，打架）

小猫的**舌头**是粉红色的，它一口一口**舔**着他手上冻伤的地方。（舌头，舔）

子女在临近的裕民县城买了一套 72 平方米的**房子**，想着让二老**住**进去。（房子，住）

打上满满一桶**清水**，将潘玉良的墓碑**冲洗**得干干净净。（清水，冲洗）

在下面这两个例句中，前句主题是活动，后继小句是实现前句活动所使用的方式，通过两句中"沏茶"和"盖碗"，"坐"和"长凳""小板凳"可以推导出小句间的方式关系。

小水站起身来，为我**沏茶**，竟然用的**盖碗**。（沏茶，盖碗）

附近乡村的农民大多**坐**在前排，他们从家里搬来了**长凳**和**小板凳**。（坐，长凳，小板凳）

4.1.2　详述关系

小句间的详述关系，是指后续内容是对前述内容的具体细化。具体表现为后续小句对前述小句或其中某个成分提供细节补充。词汇语义关系中有关"实体及其制作材料""实体及其属性""实体及其测量单位""实体及其表现形式"的关系类型都是对实体的具体说明，具有这类关系类型的词汇对出现在相邻小句中，可以较为清晰地标记小句之间的详述关系。与此相类似，"模范与个体"的关系类型中，个体往往是对模范的具体阐释和叙述，所在小句之间的关系也体现为后继小句是对前述小句的详述关系。

4.1.2.1　实体及其制作材料

实体及其制作材料多为名词，在下列句子中，前后小句中分别含有表示实体的名词，和表示该实体制作材料的名词，词汇对之间的这种关系隐含着解释说明的详述关系，因此小句之间也表现为后续小句是前述小句的详细阐述。

墓冢为黑色，由**大理石**材料铸造。（墓冢，大理石）
老袁头喝茶用的是那种**盖碗**，牙白**细瓷**。（盖碗，细瓷）
那里的**泳池**很正规，池子里面和外面都是**瓷砖**砌的。（泳池，瓷砖）
唯有冬来防寒的一顶**单帽**，是出自现代化纺织机械的**棉布**制品。（单帽，棉布）

4.1.2.2　实体及其属性

实体多为名词表示，而属性往往体现为形容词（部分为名词）。研究发现，有些属性是实体较为固定的，如"雪"是"白"的，"血"是"黏黏的"，"伤"是"疼"的，"瓷砖"是"光滑"的，具体例子参见下述第 I 组。有些属性是在语篇中特定的，而并非固定或唯一的，比如，"护城河"是"浑浊腥臭"的，"果子"是"硬"的，因为"护城河"也可以是"清澈"的，"果子"也可以是"软"的，具体例子可见下述第 II 组。前者对于计算机识别词汇语义关系从而判定小句关系具有更普遍的意义。但是后者，如果我们将实体和其所有属性都梳理概括，计算机的识别也是可以做到的。

第 I 组：固定属性

好像她的眼底浸着一汪**泪**，使她的眼睛永远**湿润**而明亮。（泪，湿润）

她尝了一粒**都柿**，真是**甜**极了。（都柿，甜）

但每回念到**白露**、**秋分**时，不知为什么，我心里总有一丝**凄凄凉凉**的感觉。（白露，秋分，凄凉）

这迟来的**幸福**，滋味应该特别**甜**。（幸福，甜）

《牡丹亭》里的**青春**，**新鲜热烈**，瀑布一样飞泻千里万里。（青春，新鲜热烈）

手划出**血**来，**黏黏的**反而抓得紧。（血，黏黏的）

猛听得空中一声**呼哨**，**尖**得直入脑髓。（呼哨，尖）

倒是广东人似乎不大喜欢北方**大白菜**，认为太**甜**，抢了蔬菜该有的清味。（大白菜，甜）

一不小心搓到了手上的**伤**，**疼**得倒吸冷气。（伤，疼）

所有的柜子、镜子与抽屉都好像是来自一个陌生的**旧时代**，**腐朽**而**阴郁**。（旧时代，腐朽，阴郁）

蜂子则嗡嗡地飞着，满身绒毛，落到一朵花上，**胖圆圆**的就和一个小毛球似的不动了。（蜂子，胖圆圆）

花园里边明晃晃的，红的红，绿的绿，**新鲜漂亮**。（花园，新鲜漂亮）

只是**天空**蓝悠悠的，又**高**又**远**。（天空，高远）

头顶**烈日**，**晒**得发蔫儿。（烈日，晒）

代表游泳场最高特权的**深水池**，有北冰洋冰川的**纯蓝**与**低温**。（深水池，纯蓝，低温）

而要专心地剥开**橘子**的**皮**，感受它刹那间射出的汁液，闻它散发于空气中的**清香**。（橘子皮，清香）

好**蟹**真不必特意调味，自然有**鲜甜**厚味。（蟹，鲜甜）

池子里面和外面都是**瓷砖**砌的，非常**光滑**。（瓷砖，光滑）

都反射着夕阳跳跃的**光芒**，**一闪一闪**，晃动在老袁头的身上和脸上。（光芒，闪）

是寒冷的冬夜里最温暖的一束**火光**，让我的心重新**热**起来，**亮**起来。（火光，热，亮）

入冬后的第一场**大雪**是夜间降落的，校园里一片**白**。（大雪，白）

第Ⅱ组：非固定属性

每年到了季节，桑树总是要结**果子**的。开始是**绿色**，很**硬**，然后变成红色，还是很硬。（果子，绿色，硬）

是因为书页的**纸张**又厚又硬，像树皮的颜色，也不知是什么材料做的，非常**坚韧**。（纸张，坚韧）

而是一个50多岁的**男人**，身体**健康**，**精力充沛**。（男人，健康，精力充沛）

怒江自西北天际亮亮而来，**深远**似涓涓细流，隐隐喧声腾上来，一派森气。（怒江，深远）

护城河正值枯水期，水面不过十来米宽，呈**黄绿色**，**浑浊腥臭**。（护城河，黄绿色，浑浊腥臭）

那条**小鱼**约莫三寸长，**黑黝黝滑腻腻**。（小鱼，黑黝黝，滑腻腻）

4.1.2.3　实体及其测量单位

实体出现在前述小句中，其测量单位或具体的数量单位会出现在后续小句中，表示对前述小句的具体说明或进一步叙述。

他**年龄**最大，已经30**岁**了。（年龄，岁）

这里没有**年龄**的概念，五六十**岁**甚至七八十**岁**的人仍然在意气风发地追求自己想要的生活。（年龄，岁）

我看到每封**信**都很长，有的长达五六**页**。（信，页）

一毛钱一张的**菜票**，有五十**张**之多。（菜票，张）

在我回家的任务**清单**中，有这样一**项**：陪他们看看电视。（清单，项）

夏天，我因拍**纪录片**到重庆，做了一**集**叫《余党》的片子。（纪录

片，集)

那时的人**钱**很少，有的一两**块**，多的三五**块**。(钱，块)

我们租的**店面**实在太小了，十来个**平方米**。(店面，平方米)

这里的**树**已经很高了，有的高达二三**米**。(树，米)

看起来很小的**跑道**，测量了才发现竟然有 4 **千米**长。(跑道，千米)

我昂首阔步地走到学校去看**成绩**——我的平均分竟然是八十八**分**。(成绩，分)

在这三个人之中他的**体重**是最大的，已经有一百**公斤**。(体重，公斤)

我们不知道已经等了他多长**时间**，也许有三个**小时**了。(时间，小时)

慈善机构给这所学校捐了许多**书**，大概有两千多**本**。(书，本)

他像从来没有见过**米饭**一样，竟然吃了五大**碗**。(米饭，碗)

4.1.2.4 实体及其表现形式

实体的表现形式多为动词。"实体及其表现形式"最为典型的是疾病及其症状表现，例如下面例子中，"腮腺炎"表现为"脸肿"，"肠胃炎"表现为"上吐下泻"，也有其他方面，如"暴力"表现为"打架"。在这种词汇语义关系中，"表现形式"所在的小句往往是"实体"所在小句的详细描述。

小孩儿那时在生病，**腮腺炎**，**脸肿**得像包子。(腮腺炎，脸肿)

结果到了晚上**肠胃炎**发作，**上吐下泻**。(肠胃炎，上吐下泻)

父亲有**脑萎缩**的症状，语言正在往幼儿园孩童的用词水准**退步**。(脑萎缩，退步)

小孩儿的**暴力**倾向越来越严重，从每天打架演变成每个课间**打架**，几乎成了一种病态。(暴力，打架)

4.1.2.5 模范（整体）与个体关系

前述小句中包含整体概念，后续小句中包含个体概念。个体是对整体的补充说明或详细叙述，因此模范（整体）和个体的词汇语义关系可以体现小句之间的详述关系。

我们**3个人**到喜来登饭店二楼的法国餐厅吃饭花了 26000 元台币（约合人民币 5150 元），平均**每人**9000 元（约合人民币 1790 元）！（3个人，每人）

我**所有的老师**都学养深厚，比如说我的**数学老师**……（所有的老师，数学老师）

其实那年头，贫寒是**中国人家**的普遍状态，**邵水通的家**境不过是比班里其他同学更加贫苦而已。（中国人家，邵水通的家）

所有人都愣在宿舍里，**每个人**的目光都像箭一般地刺向了那捆菜票。（所有人，每个人）

当年进入台里的**8个人**中，现在还坚持做主播的只有我**一个**。（8个人，一个）

这么大的城里，广厦**千万间**，怎么就没有**一间**秘密房子，让我安静地睡一觉和读书写作呢？（千万间，一间）

4.1.3　环境关系

人物、活动、实体及其通常出现的时间、地点是语料比较常见的词汇语义关系，按照主体的不同，可以细分为人物、活动和实体，按照环境类别还可以进一步分为出现的时间和出现的地点。同时它们的这种关系都可以帮助小句之间形成环境关系，即前述小句或后继小句中包含了地点、时间背景等时空环境或情境框架。

4.1.3.1　人物及其常出现的地方

有些人物是出现在特定的场所的，或者说特定场所中存在着相关的人物。人物经常出现的地点所在的小句就是环境背景，相关人物出现在后续小句中，继续展开说明，所以人物与地方的这种语义关系提示了两小句之间的环境连贯关系。

报社有间**小食堂**，**大师傅**拿醋将大白菜炖得软烂，糊里糊涂的一大勺，下饭极香。（小食堂，大师傅）

待走进**教室**，他发现，他是**求学者**中年龄最大的。（教室，求学者）

他们到了我所在的**中学**，做了我的**老师**。（中学，老师）

20世纪30年代末，在浙江瑞安**中学**，有一位**校花**。（中学，校花）

深水池清澈碧蓝，人很少，**救生员**戴墨镜坐在高凳上。（深水池，救生员）

河边的**老菜场**有十多年历史了，里面有一位肌肤黝黑的**老摊贩**。（老菜场，老摊贩）

4.1.3.2　活动及所处环境或场景

某些活动是和一定的场所密切相关的，如"画画"和"画室"，"急救"和"医院"，"便溺"和"马桶"。因此表示场所的词汇所在的小句提供环境背景，为后面表示活动的小句服务，同时两个小句之间形成了环境关系。

她躺在隔着高墙厚门的一间**病房**里，正被**急救**。（病房，急救）

所以他讲过的课永远是一条直线，**起点**在哪儿，就从那个地方**出发**。（起点，出发）

在这条河流**下面**，**藏着**好多我不能也不愿忘记的记忆。（下面，藏着）

玄武湖的黄昏，我坐在父亲腿上，父亲双手**划桨**。（玄武湖，划桨）

在艺术学院的**画室**里，我**画**了那张到今天还很喜欢的画：《一条河流的梦》。（画室，画）

楼板上面正是置**马桶**的地方，有人在**便溺**的时候，楼下可闻其声。（马桶，便溺）

我托人找到了这**房子**，**进屋**的前两天，自己先去看一次。（房子，进屋）

这么大的城里，广厦千万间，怎么就没有一间秘密**房子**，让我安静地**睡一觉**和**读书写作**呢？（房子，睡一觉，读书写作）

在北京，坐在**公交车**上，看到一位六十多岁的奶奶带着孙女**上车**了。（公交车，上车）

妈妈发疯一样地**花钱**，从**百货大楼**到天津**劝业场**，她拖着他跑，好像在和什么东西赛跑。（百货大楼，劝业场，花钱）

落日中，看肯尼亚的香奈**河边**，姑娘们**汲**完**水**，爬上很高的山头。

（河边，汲水）

　　孩子被送进**医院**，做了**手术**，出院后脑门上便留下了一块永远的"补丁"。（医院，手术）

　　有家**餐厅**很不错，我们约晓鸣一起去**吃**吧。（餐厅，吃）

　　便利店的数量屈指可数，半夜出去想**买**瓶水都不太容易。（便利店，买）

4.1.3.3　实体/活动出现/发生的时间

　　有些实体出现的时间或活动发生的时间是特定的，比如"小雪"出现在"冬天"，"斜阳"出现在"黄昏"，"看雪"只能在"雪天"，在"冬天"会"冻"得瑟瑟发抖。这些词汇的固定语义关系，可以提示小句之间的环境关系。

　　滨江道**小雪**飞扬，**冬天**来临。（小雪，冬天）

　　这样的坊肆到了**黄昏**，便很宁静；**斜阳**从苍山上投来残照，**炊烟**缭绕下的古城，就如记忆中的童年生涯。（斜阳，炊烟，黄昏）

　　天擦黑了，**暮霭**四起。（暮霭，天擦黑）

　　记得那是一个**下雪天**，老师出去**看雪**了，我们在教室里自习。（看雪，下雪天）

　　冬天的午夜，一条长队里，我们**冻**得瑟瑟发抖，还彼此生着气。（冻，冬天）

　　有一年**清明**时节，天朗气清。我踏着青苔与蔓草，**拜谒**了潘玉良在巴黎的墓地。（拜谒，清明）

　　读高二的那年**暑假**，我和小水经常一起到陶然亭的露天游泳池去**游泳**。（游泳，暑假）

4.1.3.4　实体及其通常出现的地方

　　和整体与部分关系中的功能处所关系不同的是，实体和其通常出现的地方不存在隶属关系，即实体不是地方的一部分，而是惯常出现在这些地方，如"痛苦"常在"心底"，"笑容"出现在"脸颊"。在下面的例句中，前述小句中出现表示地方的词汇，后续小句中出现与该地方密切相关的实体。前述小句为后续小句提供了环境背景。

她的声音很容易直达**心底**，瞬间消解了蕴而不宣的**痛苦**。（心底，痛苦）

我时常抬头看一下母亲的**额角**，是否已有"**鬓边霜**"了。（额角，鬓边霜）

我们怀着激动的心情来到了**赛车场**，刹那间数辆**赛车**飞驰而过。（赛车场，赛车）

把我的老父母架起来就走，弄到城中心一家颇豪华的**饭店**，**山珍海味**一通猛上。（饭店，山珍海味）

他只是凭着自己的直觉，找张**报纸**或拿本**杂志**，挑些喜欢的**文章**去读。（报纸，杂志，文章）

此刻我饥肠辘辘，下意识走到了家对面的**面摊**子，点了一碗**阳春面**。（面摊，阳春面）

他摸回自己的新**卧室**，伏在熟悉的**床单**上。（卧室，床单）

我独自经过了郊外最大的**坟地**，亲眼看到了人们所说的**鬼火**。（坟地，鬼火）

他把这个破旧的院落命名为"竹园**小厨**"，独自经营着他的**私房菜**。（小厨，私房菜）

小泥壶中只可容水四小杯，**茶叶**占去其三分之一的容隙。（小泥壶，茶叶）

两个苍老的身影走进**土屋**，广袤的原野上亮起了唯一的**灯光**……（土屋，灯光）

晚上，我回到**学校**，来到了她的**宿舍**门口。（学校，宿舍）

他的**脸**终于变了，一丝**微笑**显露出来。（脸，微笑）

我的**心脏**一直疯狂地跳动，这份**恐惧**似乎要溢了出来。（心脏，恐惧）

这是一个巨大的**工地**，**工人**们都在热火朝天地工作着。（工地，工人）

我望向**天空**，看雪花飘洒下来，如此惬意。（天空，雪花）

在无人的游艇**码头**，**船桅**不停发出咔哒的声响。（码头，船桅）

马越的**脸**上也显出老态,上面堆满了**皱纹**。(脸,皱纹)

4.1.4 结果关系

小句之间的结果关系是指后续小句是前述事件的发展变化结果。即前述小句的发展变化会体现在后续小句中,这种变化可以通过小句间的词汇语义关系有所体现。特别是表示"活动以及结果""特性及与之相关的行为""情况以及在该情况下可以发生的事"的词汇语义关系,词汇对之间体现出发展的相关性,又在小句中占主体位置,可以帮助标示小句的结果关联意义。

4.1.4.1 活动以及结果

汉语中有些词汇之间存在结果意义的关联性,比如,"抽筋"的结果是"侧歪","一歪"就容易"摔跤",这样的词汇以动词居多,参见第Ⅰ组示例。也有个别关系体现为"活动"为动词,"结果"为名词,例如,"欣赏"就很可能发展成"挚友",如第Ⅱ组示例。

第Ⅰ组:

突然,曹大平的腿**抽筋**了,他**侧歪**了一下身子。(抽筋,侧歪)

母亲身子一**歪**,还差点**摔**了一跤。(歪,摔)

曹大平一回去就**发烧**了,他的女人**唉声叹气**的。(发烧,唉声叹气)

采浆果去吧,能**拿现钱**!过年时大鲁就能**买**新鞋穿了,二鲁也能**买**件花衣裳了!(拿现钱,买)

交给收浆果的人,**换来**几十块钱。(交给,换来)

她自然把采来的都柿当酒**吃**,竟一发而不可收,**吃空**了盛都柿的盆子。(吃,吃空)

有人说,我们可以把房子转手**卖**了,转眼就能**赚**十几万。(卖,赚)

我负气**辞职**,在家**休养**了一年。(辞职,休养)

在媒体的**炒作**下,叶克膜在台湾变得很**有名**。(炒作,有名)

唱着唱着,还不尽兴,七八个人**挪开**酒桌,**空出**一片场地。(挪开,空出)

醺然返邸的坑叔一脚**踩空**,**跌落**在那沟里。(踩空,跌落)

新疆生产建设兵团 161 团兵二连被**裁撤**,战友们纷纷**搬**到离城市更

近的连队。(裁撤，搬)

大牲口被**叮**一口，都**疼**得直蹦。(叮，疼)

小碎石子和冰雹**砸**在窗玻璃上，"啪啪啪啪"**响**个没完没了。(砸，响)

那时她已有了**身孕**。织到一半时，她**生产**了。(身孕，生产)

那个背对我而坐的黄慈美，受意外**惊吓**，人先往后**倒去**，紧接着再扑向桌前，捂住胸口，眼看就要被**吓昏**过去。(惊吓，倒去，吓昏)

玉石的爸爸从工地的脚手架上**摔**了下来，当场**没了气**。(摔，没了气)

我**享受**胜利者的慵懒，靠在桌边几乎**睡着**了。(享受，睡着)

第Ⅱ组：

头皮被**撕裂**一块，至今还留着一个不规则的**疤痕**。(撕裂，疤痕)

在**吃完**桌上一圈分量巨大的冷盘之后，客人们已经有了**饱意**。(吃完，饱意)

两个同样脾气刚烈的人彼此**欣赏**，成为**挚友**。(欣赏，挚友)

4.1.4.2　特性及与之相关的行为

"特性"往往体现为形容词，表示人物的状态；"行为"往往为动词，表示在该状态下很可能做的动作或行为。这些"行为"就是"特性"发展的结果，比如，"饿"就会"吃"，"渴"就会"喝"，"兴奋"就会"有说有笑"。小句之间的关系也体现为结果关系。

饿了、**渴**了，就坐在路边**吃**点随身带的面包，**喝**几口凉水。(饿渴，吃喝)

此刻我**饥肠辘辘**，下意识走到了家对面的面摊子，**点**了一碗阳春**面**。(饥肠辘辘，点面)

蒋介石**愤怒**的引信被瞬间点燃了，他勃然**变色**，**甩袖**站立。(愤怒，变色，甩袖)

同学们掩饰不住心中的**兴奋**，**有说有笑**。(兴奋，有说有笑)

人是一种很**贱**的动物，许多架友属于那种**人来疯**。（贱，人来疯）

我一下就**火**了，估计脸都**涨红**了。（火，涨红）

我**满腔怒火**，上去就是一脚，把梨**踢**得粉碎。（满腔怒火，踢）

我也**病倒**了，**发烧**，**头痛**。（病倒，发烧头痛）

他越说越**激动**，**声泪俱下**。（激动，声泪俱下）

4.1.4.3　情况（条件、动作）以及在该情况下可以发生的事

符合这种语义关系的词汇，虽不存在直接的结果关系，但存在发展变化的可能性，表示"情况"的动词作为一种条件，往往会引出后面发生的"事"，即"结果"。例如，"跪"很可能的结果是"磕头"，"兵变"往往导致"战争"。

囡囡**跪**在外婆坟前，咚咚咚**磕**了三个头。（跪，磕）

邵水通当年是**做**了**坏事**，他现在**忏悔**了。（做坏事，忏悔）

滨江道有很多老头老太太**摆地摊**儿，他加入他们的行列，**卖**起了槟榔和袜子。（摆地摊，卖）

他冲到卓如面前，将她**抱**在怀里，深深地**亲吻**下去。（抱，亲吻）

几个地方，**兵变**同时开始，**战争**爆发了。（兵变，战争）

坐在树枝上，慢慢地**吃**，一直吃到**饱**。（吃，饱）

一度濒临**崩溃**，在夜里**痛哭**。（崩溃，痛哭）

她突然**大哭**起来，哭得很伤心，肩膀剧烈地**抽搐**。（大哭，抽搐）

4.1.5　序列关系

序列关系是指前后小句之间存在一定顺序，可以是时间序列，即前后小句之间存在时间上的先后顺序，也可以是排列序列，如存在长幼、次序等先后顺序，还包括方位序列，小句之间存在位置摆放的顺序关系。

表示时间序列的词汇对比较明显，例如，四季延续的顺序"春""夏""秋""冬"，或数字序列"一""二""三"，或一日中的时段"早晨""中午""晚上"，或求学过程"小学""中学""大学"等。这些词汇之间有很强的时间关联性，将小句按时间序列串联起来。

春天撒了种，**秋天**就得收庄稼。（春天，秋天）

春天接羔，**夏天**催膘，**秋天**配种，**冬天**孕育。（春天，夏天，秋天，冬天）

一箩麦，**两**箩麦，三箩开花拍大麦。（一，两，三）

蚕宝宝吃饱了就睡觉，**头眠**，二眠，三眠，每睡完一觉就胖一圈。（头，二，三）

我跟她一字一字交代清楚，**早上**去火车站接到大舅，**中午**带大舅上全聚德吃饭，**下午**领他去办了回城手续，**晚上**早早回家。（早上，中午，下午，晚上）

那天是 5 月 11 日，**第二天**四川就发生了特大地震，举国震惊。（那天，第二天）

我最初就是喜欢写，从**小学**写作文，到**中学**写诗、写散文，到**大学**四处寻求发表的刊物。（小学，中学，大学）

我保留着 6 条罐子系带，梦想着上完**初中**，上**高中**，上**大学**，做一个对社会有贡献的人。（初中，高中，大学）

半小时后，他坐不住了，躺到了床上。**一个小时**后，他喝了一小碗粥。**两个小时**后，他开始胡言乱语。**四个小时**后，说了几个简单的音节后，他的嘴轻轻合上，脑袋微歪，安详离世。（半小时，一个小时，两个小时，四个小时）

不论南北，大白菜**立秋**下种，**初冬**结球以保护菜心越冬。（立秋，初冬）

我**小时候**的课外书比别的同学多；**初中**时开始有一点儿可以自己支配的零花钱；1994 年，**大学**还没扩招，我爸愿意自费送我去一所南方城市读书。（小时候，初中，大学）

她出生在清末风雨如晦的时代，**自幼**被送入烟花柳巷，尝尽凌辱，**成年**后又漂泊四海，心知冷暖。（自幼，成年）

下午，细细感受庭院里植物的香气；**黄昏**，聆听全城响起的诵经声；**落日中**，看肯尼亚的香奈河边，姑娘们汲完水，爬上很高的山头。（下午，黄昏，落日中）

冬天，漫山的野花开了。**春天**，金合欢树开出满树的黄花。**夏天**，

木槿、蜀葵、扶郎花…… (冬天，春天，夏天)

我每天**上午**报三个选题，**下午**联系，**晚上**在演播室录制，**凌晨**剪辑送审。(上午，下午，晚上，凌晨)

1992 年秋的**一天**夜里，有人趁着月黑风高，偷偷将魏德友家的羊圈门打开。**第二天**清晨，魏德友的羊圈早已空空如也。(一天，第二天)

开春上门，送一大袋淡紫香椿芽。**仲春**时节，我父亲又送马兰头。(开春，仲春)

他 **20 岁**被选为拔贡，**22 岁**中举人，**26 岁**中状元。(20 岁，22 岁，26 岁)

吃**早餐**的时候看报纸，吃**午饭**的时间变成一场工作会议，**晚餐**吃的是"电视汁捞饭"。(早餐，午饭，晚餐)

表示小句之间按照长幼、排列次序进行叙述的词汇对，多见于家庭关系成员按照长幼有序排列，如"大姐""二姐""三姐"。表示排列先后的有"上""次""更次"。还有一种情况，排列无明显先后顺序，分别平行描述两种或三种不同情况，常见词汇为"一种""另一种"。

大姐嫁了当年的昆曲台柱子，去了宝岛定居；**二姐**、**三姐**分别嫁了语言学家和作家，都过得挺不错；**四妹**嫁了德裔美籍汉学家傅汉思。(大姐，二姐，三姐，四妹)

大哥一家迁到江西、安徽边界的衢州，**二哥**一家迁到江西婺源。(大哥，二哥)

他总共只生了三个赔钱货，**大的**早早嫁了个泥腿子，**老二**73 年冬天掉进河里没了，**老三**现在还在读书。(大的，老二，老三)

山泉为**上**，河水**次**之，井水**更次**。(上，次，更次)

据说潘玉良一生有两枚最钟爱的印章，**一枚**叫作"玉良铁线"，**一枚**叫作"总是玉关情"。(一枚，一枚)

我有时候会开玩笑地把我身边的朋友分成两种人，**一种**喜欢北京，**另一种**喜欢上海。(一种，另一种)

你只需要注意两点，**一是**看老师，**二是**别说话。(一是，二是)

表示方位序列的词汇对包括"前""后""左""右",或者"内""外""中心"等。

　　楼下**左面**一间已另有一户人家租住,**中央**一间正面挂着一张朱柏庐先生的治家格言,两壁挂着书画,是公用的客堂,**右面**一间空着,就是我要租住的。(左面,中央,右面)

　　那时候对北京的想象乃是以天安门为中心的若干个圈,最**里面**是国家领导人,**外面**一圈是老干部,**最外面**一圈是大白菜,齐刷刷扎着红头绳。(里面,外面,最外面)

　　墓碑**正中**是中文,**右方**为简洁的法文字母,**左方**乃华丽的勋章图案。(正中,右方,左方)

　　左边是一个占卜赛女人,**右边**蹲着一条狗,**中间**就是那座石像。(左边,右边,中间)

　　还有一张占去整个"工作间"1/4面积的裁衣服的大案板,案板**下面**堆着做衣服需要的小配件,案板**一侧**挂着我们仅有的两匹布。(下面,一侧)

　　小水和他姐一人一张的单人床靠屋的**两侧**,紧贴在墙边,屋子**中间**摆放着一张八仙桌,桌子**后面**的墙上挂着一幅大写意的墨荷图挂轴。(两侧,中间,后面)

4.1.6　纪效关系

　　纪效关系是指后续内容是前述内容的后果或效果。在有词汇标记的小句中,往往依靠"所以""因此"这样的词汇进行标记。而在没有词汇标记的小句中,可以依靠具有因果关系的词汇对进行隐性连接。在下面的例子中,我们可以看到前述小句中存在表示原因的词汇,后续小句中有表示结果的词汇,如"开心"和"笑","恼火"和"骂",即前因后果,形成纪效关系的连贯形式。

Ⅰ形容词+动词

　　猫咪知道自己有吃的了,心里**开心**,自然要**笑**。(开心,笑)
　　这事让他很**恼火**,**大骂**荒唐。(恼火,大骂)

我负气辞职，在家休养了一年，**暴瘦**，接受**治疗**。(暴瘦，治疗)

天津的冬天非常**冷**，他的手**生**满**冻疮**。(冷，生冻疮)

看到他真的**困**了，**靠**在竹躺椅上。(困，靠)

我心里还真有点儿**怕**，望着下面泳池里的水，水波涟涟，好像连跳台都跟着在不住地晃动，腿禁不住**哆嗦**起来。(怕，哆嗦)

我浑身**燥热**，嗓子**冒烟**。(燥热，冒烟)

Ⅱ动词（词组）+动词（词组）

几声**枪响**后，国防部部长**丧命**了。(枪响，丧命)

经他们告知，我才知道自己的双腿都被**砸伤**，有的地方还在**淌血**。(砸伤，淌血)

这几天**感冒**，去医院**看病**。(感冒，看病)

飞机一降落，总有人立刻起身拿行李**抢**着下飞机，机舱内立刻**乱**成一锅粥。(抢，乱)

在他**病重**的时候，弟子们从全国各地赶来**探望**。(病重，探望)

来了风，这榆树先**啸**。(来风，啸)

Ⅲ形容词+名词

大地震后这天奇**热**，我跑了一天，满身的**汗**。(热，汗)

Ⅳ名词+名词

可是，我们的**房贷**似乎还得无休无止……我们是彻头彻尾的**房奴**。(房贷，房奴)

北方昼夜**温差**大，白菜**糖分**积累多。(温差，糖分)

Ⅴ形容词+形容词

我的双脚**肿**了起来，走一步都**疼**得揪心。(肿，疼)

Ⅵ名词+形容词

我在照顾孩子这件事上给自己附加了太多的**压力**，这使得我那段时间的生活状态相当**糟糕**。（压力，糟糕）

Ⅶ名词+动词

胡适的二郎腿和领袖的正襟危坐让人产生了巨大的**疑问**，它让我一直**思考**。（疑问，思考）

在分析中发现，有一类词汇对在语义上高度相关，即前述小句中出现病因或某种不适，后续小句必然出现"医院"，表明处理方式。小句之间呈现明显的纪效关系。

旭子的妈妈**心脏病**犯了，**医院**会诊后提出做搭桥手术。（心脏病，医院）
老阳的妈妈因为突然**中风**，从老家转到了上海的**医院**。（中风，医院）
外婆对我疼爱照顾，无微不至，直到她突然**心脏肿大**，住进了台中中山**医院**加护病房。（心脏肿大，医院）
外婆突然**喘不过气**来，四阿姨一看不对劲，赶紧带着外婆去**医院**。（喘不过气，医院）
去年我**心口疼**，吸不过来气，你哥把我送到**医院**去抢救。（心口疼，医院）

4.1.7　释因关系

具有因果关系的词汇对不仅可以提示小句之间的纪效关系，也可以表示释因关系。区别在于，纪效关系是前因后果，即前述小句表示原因，后续小句表示结果；释因关系是指后续内容是引起前述内容的原因，前述小句陈述一种情况，后续小句解释造成这种情况的原因或理由，即先果后因。

Ⅰ 动词+名词

普通白领**痛恨**上班，上班对他们是身心**压迫**。（痛恨，压迫）

成功人士**热爱**上班，上班带给他们人生**价值**和**幸福**感。（热爱，价值
幸福）

里面只有一位哈萨克族老太太，**卧**在床上，似有**重病**。（卧，重病）

Ⅱ 形容词+名词

街道是**灿烂**的，那么多的**灯**。（灿烂，灯）

Ⅲ 形容词+形容词

奶奶当时真是太**难**了，**穷**啊。（难，穷）

Ⅳ 名词+名词

面摊老板经常带着**笑意**跟人说话，这迟来的**幸福**，滋味应该特别甜。
（笑意，幸福）

与纪效关系相类似，在释因关系中也集中存在一组词汇对，前述内容陈
述在医院或死亡的事实，后续内容解释病因或死亡原因。

老师和妈妈把他送到了天津市儿童**医院**，她们怀疑他**有病**。（医院，
有病）

洛艺嘉苏醒过来时，已经在**医院**的病床上，右小腿胫腓骨开放性粉
碎**骨折**。（医院，骨折）

也就是奶奶唯一的女儿，**死了**，她服了**农药**。（死了，农药）

邵水通的父亲**去世**了，听说是**饿死**的。（去世，饿死）

邵水通**去世**了，死因是**胃癌**。（去世，胃癌）

4.1.8 解答关系

存在解答关系的词汇对有很多，如"提问"和"回答"，"求证"与"证实"等，当这些词汇对出现在上下句里时，可以比较清晰地标示出小句之间的关系为解答关系。解答关系是小句之间的一种关系，表示后续内容为前述内容提供了一种解答。

你**问**我，什么是人生？我的**回答**是，追求这个问题的答案就是这个问题的答案。(问，回答)

后来有人向黄霑**求证**，黄霑**证实**说："完全正确……"(求证，证实)

二房东从楼窗里伸出头来，**问**我有什么事。我走到天井里，仰起头**回答**他："我就是来租住这间房的。"(问，回答)

一**问**原因，**说**是在刚才看电影时结了怨。(问，说)

这是韩石山跟黄裳**打笔仗**时抖出来的。黄先生颤颤巍巍出来**迎战**说：第二次出售张充和的字，概因老妻生病，着急用钱之故。(打笔仗，迎战)

4.1.9 目的关系

小句之间的目的关系是指一种情况是另一种情况的目的。即前述小句或后续小句提出了事件的目的，其词汇标记往往借用"为了""是想"。事实上，词汇中存在着这样的词汇对，它们之中一个表示材料，另一个表示材料的目标或用途。比如"密码"，它的目标就是"保密"，"基金会"的目的是"资助"。当具有用途关系的词汇对出现在小句中时，即便没有"为了"，也基本可以预示小句之间的关系为目的关系。

用二进制**密码**的形式，让书信传递更**安全**、更**保密**。(密码，安全，保密)

有些人还要放**干辣椒面**，以增加**香辣味**。(干辣椒面，香辣味)

和朋友聚餐的时候，他总是将吃不完的菜偷偷**打包**，他碍于面子说是喂猫，实际上是给自己当**晚餐**或者第二天的**早餐**。(打包，晚餐，早餐)

宋先生说他一开始是在巴黎学习**医科**，想学完后回老家为乡亲们**诊**

疾治病。（医科，诊疾治病）

曾任华尔街一家投行副总裁的杜聪在家乡成立了智行**基金会**，**资助**了河南、安徽、云南等10个省的2万多名"艾滋遗孤"读书。（基金会，资助）

收浆果的人为了安慰她，丢给她一张十元的**钞票**，让她**买酒**。（钞票，买酒）

大和尚与下午初见面时表情截然不同，满脸慈祥，带着**药**，来为星云**涂伤**。（药，涂伤）

4.1.10 添补关系

可以表示小句之间添补关系的词汇语义关系有两种：一种是过程以及与过程相关的人。前句交代过程或事件，后句呈现与该过程相关的人，作为前句的补充。另一种是实体和它的测量单位。与表示详述关系不同，表示添补关系时，测量单位出现在前句，实体词出现在后句，作为前句的补充说明。

4.1.10.1 过程以及与过程相关的人

原来"老芊仔"**娶亲**了；**姑娘**是从梨山上来的、清瘦娇小的女子。（娶亲，姑娘）

两小时后**安装**完成，**工人**纷纷离去。（安装，工人）

今天是小王子的**洗礼**日，**神父**一会会念祷词。（洗礼，神父）

婚礼热闹排场，**新郎新娘**都笑开了花。（婚礼，新郎新娘）

救火过程相当不顺利，几位**消防员**都受了伤。（救火，消防员）

4.1.10.2 实体及其测量单位

买这一匹七尺长的杭纺，当时需要22**元**，正好是他一个月的**工资**。（元，工资）

89**平方米**，去市区差不多要坐两个小时的地铁，但它还是算上海的**房子**。（平方米，房子）

我要留住这一**天**。人生有些**日子**是要设法留住的。（一天，日子）

相关词汇在用于判定没有词汇标记的小句连贯关系中起着非常重要的作用。通过对语料的分析，我们找到了 16 种词汇语义关系在现代汉语语篇中的例证，同时又发现了 3 种新的词汇语义关系。这 19 种非经典的词汇语义关系在小句的隐性连贯方面都起到了重要作用。我们总结出这些词汇语义关系对小句连贯的标示作用。这些连贯关系都是汉语叙事语篇常见的连贯关系类型。这有利于对语篇隐性连贯的判断，特别是在计算机的语篇连贯关系识别方面，如果计算机可以发现前后小句中存在具有一定语义关系的词汇对，就可初步判定小句之间的连贯关系类型。从表 4-2 可以看到相关词汇语义关系与其可以标记的隐性连贯关系的一一对应关系。

表 4-2　相关词汇语义关系与对应连贯关系

序号	词汇语义关系	连贯关系
1	活动及其所使用的方法	方式关系
2	活动以及结果	结果关系
3	序列关系	序列关系
4	过程以及与过程相关的人	添补关系
5	特性与之相关的行为	结果关系
6	活动及所使用的材料和装备	方式关系
7	实体及其制作材料	详述关系
8	实体及其属性	详述关系
9	实体及其测量单位	详述关系/添补关系
10	实体及其通常出现的地方	环境关系
11	情况（条件、动作）以及在该情况下可以发生的事	结果关系
12	模范（整体）与个体关系	详述关系
13	因果关系	释因关系/纪效关系
14	人物及其常出现的地方	环境关系
15	活动及其所处环境或场景	环境关系
16	用途（材料/目标）	目的关系
17	**实体/活动出现/发生的时间**	环境关系
18	**实体及其表现形式**	详述关系
19	**解答关系**	解答关系

在表 4-2 中，实体/活动出现/发生的时间、实体及其表现形式、解答关系都是本研究中新发现的词汇语义关系类型。

4.2 格关系与隐性连贯

格（case），也叫语义格，传统语言学里，"格"是指名词或代词因语义角色不同而产生的形态变化。例如，现代英语里，第一人称单数"我"，在做施事（动作的发出者）的时候叫作"Ⅰ"，而做受事（动作的承受者）的时候，叫作"me"。Fillmore（2012）在其著名的《"格"辨》一书中，区分了表层格和深层格。屈折变化属于表层格。深层格指的是体词（名词和代名词）跟谓词（动词和形容词）之间的及物性关系。深层格是一切语言，包括汉语的普遍现象。所谓格关系，是句子表述中心的谓词跟周围体词之间的及物性关系（transitivity relations），如动作和施事的关系（"来客人了"）。格关系就是"体谓关系"，不包括修饰词和中心词之间的"偏正关系"。现代汉语语法体系中的格，虽然没有屈折变化的表层格，但也较为复杂。根据鲁川、林杏光（1989）的分类，现代汉语上层的"语义成分"有主体、客体等6种形式，所涉及的下层格共有18种之多（图4-1）。

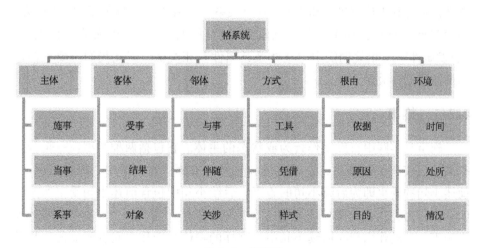

图4-1 格系统

格关系的研究对于自然语言处理，特别是对于计算机进行语义判断有重要的贡献。通常所说的格关系中包含了通用型和特定型的格关系。Cruse（1986）关注过两种类似通用型的格关系，他称作"零转换同源词"（zero-derived paronymy）。例如工具格（挖/铁锹或者扫/扫帚）和目标格（驾驶/机动车或者骑/自行车）。他注意到在工具格里，对名词的定义很可能要提到动词，而在目标格里，对动词的定义很可能包含名词。这类格关系不是依存于具体句子的，而是脱离具体句子有普遍意义的。Fillmore（1968）所定义的格关系是句内的语法关系，是使用于具体句子之中的。虽然有些关系可以同时是句子特定型的和通用型的（比如"那只狗在吠叫"中的狗/吠）。Chaffin 和 Herrmann（1984）对格关系的研究主要围绕通用型格关系，并且进行了缩减，如表4-3所示。

表4-3　Chaffin 和 Herrmann 的格关系研究

施事/行为（狗/狗吠）	行为/受事（打扫/地板）
施事/工具（农民/拖拉机）	行为/工具（切/刀子）
施事/客体（水暖工/水管）	引发属性（食物/美味）

对于语篇连贯的计算机判定而言，特定型格关系的不稳定性和多样性对其帮助有限。我们更关注通用型格关系的整理，因为通用型格关系具有普遍意义，更有利于计算机处理和提取连贯关系。在表4-3的格关系中，"行为"和"工具"与相关词汇中的"活动"及"使用的装备"语义关系相类似，"引发属性"与相关词汇中"实体及其属性"相类似。因此我们主要关注前四种通用型格关系。

4.2.1　施事/行为

施事是实践中自发动作行为或状态的主体。它包括两种类型：一是与人有关的比较典型的施事，二是实体和自然力方面。在句群中，很多情况下，前述小句的受事即为后续小句的施事。后续小句中包含前述小句受事所发出的动作行为，构成施事/行为的关系，特别是前述小句是一个比喻句，喻体作为施事，其动作出现在后续小句中。这样的喻体和动作之间有明显的连贯关系，如蚂蟥/吸吮、大山/压。

　　　我们就像**蚂蟥**一样，**趴**在父母的身上，理所当然地**吸吮**着他们身上的血。（蚂蟥，趴，吸吮）
　　　直到今天，生活对于我都是一条平稳缓慢的**河流**，逐日逐月地**流过**。

（河流，流过）

两顶"黑帽子"，是两座黑压压的**大山**，**压**得全家人都直不起腰。
（大山，压）

两只口袋就像两根**柱子**，**立**在了我的胸前。（柱子，立）

潘玉良的一生，宛如一曲时代的**绝唱**，从序曲、主题、变奏一直到
终曲，**奏**尽了人间的起伏跌宕、四季凄凉。（绝唱，奏）

与人相关的施事，其常见的匹配行为动词出现在后续小句中，如禅师/修
行、画匠/画。

有一位日本**禅师**，日日**修行**。（禅师，修行）

在那里果然有个净土宗的**大德**，很快**点化**了他。（大德，点化）

有条长三百米的巷子叫史巷，巷口坐着几个**绣娘**，专门为人**补毛衣**、
织物破洞什么的。（绣娘，补毛衣）

我找了一个**画匠**，帮我**画**了遗像。（画匠，画）

有趣的女人是**捕手**，敏捷地**捕捉**着生活中的美。（捕手，捕捉）

与实体或自然力相关的施事，其常见或特别匹配的动作出现在后续小句
中，如牛铃/响、火苗/燃烧。

牛铃如击在心上，一步一**响**。（牛铃，响）

慎慎地下来，腿子抖得站不住，**脚**倒像生下来第一遭知道世界上还
有土地，亲亲热热地**踩**几下。（脚，踩）

就像灶膛里的**火苗**，轰轰烈烈地**燃烧**了起来。（火苗，燃烧）

只有偶尔晚霞的**光辉**，会从那窗口的破洞照射进去，**温暖**一下他冰
冷的身心。（光辉，温暖）

水花劈开，在它胸前分别朝两边**溅射**。（水花，溅射）

金先生的**文章**也确实越来越多，在报刊上隔三岔五地**发表**。（文章，
发表）

格关系中"施事/行为"的这种通用型的语义匹配关系，在句群连贯上发

挥着重要作用。从语料分析来看，后续小句中出现行为的具体描述，往往是对前句的补充说明，可以提示小句间的连贯关系为添补关系。

4.2.2 施事/工具

施事出现在前面小句，而与该施事固定搭配的工具词汇出现在后续小句中，工具是施事的一个细节。后句中有工具词汇的出现，多数情况下意味着后句是对前述小句的具体展开和细节叙述。"施事及其使用的工具"这样一组格关系往往标记所属小句之间是详述关系，"工具"所在的小句是对"施事"所在小句的详细叙述。

养鸟的人经常聚在一起，把鸟笼揭开罩，挂在相距不远的树上，鸟此起彼歇地赛着叫，这叫作"会鸟儿"。(养鸟的人，鸟笼)

剪完头发，剃头匠用热水湿了毛巾，轻轻盖在中队长的脸上，然后拿出剃刀，在磨刀布上磨两下。(剃头匠，剃刀)

我小时候特别害怕那些屠夫，他们一天到晚在臭烘烘的肉铺里，围着血迹斑斑的围裙，挥舞着长刀。(屠夫，长刀)

宁医生像红了眼的赌徒一样，24 小时守在患者身边，操纵着最尖端的各种抢救仪器，和死神进行疯狂的搏斗。(医生，仪器)

4.2.3 施事/客体

"施事"对于其所施动的"客体"之间有非常紧密的联系，"施事"如何施动于"客体"，都会体现在"客体"所在的小句中，因而"客体"所在的小句往往和"施事"所在的小句形成详述的连贯关系，即"客体"所在的小句是对"施事"所在小句的细节展开。

面摊的老板是一个外省退伍老兵，做得一手好面。(面摊的老板，面)

有一个锁匠，设计了一种防盗锁，功能大好，家家必备，于是发了大财。(锁匠，锁)

宁医生像红了眼的赌徒一样，24 小时守在患者身边，操纵着最尖端的各种抢救仪器，和死神进行疯狂的搏斗。(医生，患者)

理发师红光满面，笑眯眯地转动着大大小小的**脑袋**。（理发师，脑袋）

小偷有开锁的特长，他们知道每一种**锁**的弱点在哪里。（小偷，锁）

4.2.4　行为/受事

在现代汉语叙事语篇中，存在一定数量的"行为/受事"固定搭配的结构，如"嗑瓜子""闻味道""赶牛""梳理头发"。当作为宾语的受事格出现在前句中，固定搭配的行为动词出现在后续小句中时，我们可以通过两者之间的语义依存关系，发现两个小句之间的紧密连接关系。在这种情况下，后续小句往往提供或补充一定的信息，前后小句之间是一种添补的连贯关系。

为了增加点中国特色，他们在每餐间隔去附近的小景点闲逛时，都会拿出一袋**瓜子**，慢慢地**嗑**。（嗑，瓜子）

他拿一本书，我拿一本**书**，一直**看**到半夜。（看，书）

哭号的**声音**穿透薄薄的夹板，凡路经夜市的人都能**听到**。（听到，声音）

父亲会点燃一根**香烟**，慢慢**吸**着。（吸，香烟）

两个汉子拽起一头**牛**，骂着**赶**到索头。（赶，牛）

电动车被推了出来，母亲在后车厢放了个小**板凳**，我背着双肩包**坐**了上去。（坐，板凳）

掉了漆的绿**板凳**，小孩儿已经木木呆呆地**坐**了大半个钟头了。（坐，板凳）

袜子放在铺在地上的**床单**上，城管来了**卷**起来抱着就跑。（卷，床单）

头发早剃光，再用不着**梳理**。（梳理，头发）

我知道自己身上已经开始散发失败者的**味道**，再这样下去谁都会**闻**出来了。（闻，味道）

这一道茶已将壶水用尽，于是再灌入**凉水**，放到炉上去**煮**。（煮，凉水）

木工是他生活的**胡琴**，他咿咿呀呀地**拉**着。（拉，胡琴）

格关系是词汇之间因语义角色差异而形成的语法搭配关系，分为通用型和特定型。通用型格关系搭配比较普遍和固定，可以帮助提示分句之间的连贯关系。我们从比较集中的四种格关系中发现，具有"施事/行为""行为/受事"格关系的词汇分布在各分句中时，因词汇之间紧密的搭配关系，分句之间具有了添补关系的隐性连贯性。而具有"施事/工具""施事/客体"格关系的词汇分布在小句中时，因为"工具"和"客体"是对"施事"的细节说明，小句之间呈现详述关系的隐性连贯性（表4-4）。

表4-4 格关系与连贯关系

格关系	连贯关系
施事/行为	添补关系
施事/工具	详述关系
施事/客体	详述关系
行为/受事	添补关系

4.3 特设范畴与隐性连贯

1983年，Barsalou（1983）从认知和心理学的角度对特设范畴（ad hoc category）［又译为"临时范畴"（莱考夫，2017）］的特点进行了实证研究，从而在语义关系分类中引入了与以往经典语义关系不同的特殊范畴。特设范畴是指在特定语境下因为某一特定目标而临时组成的范畴，比如"露营需要的物品""万圣节活动可以穿的服装"，等等。特设范畴与经典语义关系非常明显的差异在于，经典语义关系中的范畴成员具有相似特征，特别是同义范畴和上下义范畴，而特设范畴成员之间往往是不相关的，只有在同一目标的设定下，成员之间才彼此关联。比如"电脑""充电器""牙刷""身份证"，这些实体之间不存在相似特征或从属关系等经典范畴所具备的关系，但如果用"出差需要带的东西"这一目标来解释，就会发现它们之间彼此相连，属于同一范畴。

Barsalou 通过实验发现，虽然特设范畴不像经典范畴那样在长期记忆中存在确立的表征，但经过反复使用和建立，范畴成员之间的相关性会越来越强，最终像经典范畴一样进入长期记忆，形成确立的表征。特设范畴的建立和使用，体现了人类智慧的创造性，体现了人类基于目标而跨域创建新概念的认知创造力。而对特设范畴的研究，也是语义关系分类中的一种突破性认识，它对心理学、认知科学、语义关系都有研究意义。我们可以尽量多地去总结人类认知中的特设范畴关系类型，特别是那些使用频率较高，已基本形成确立的长期记忆表征的类型。这些类型的确立有助于我们寻找分句之间的连贯关系，特别是计算机识别句子之间的隐性连贯关系。

Barsalou 认为特设范畴可以分为两类，一类是与相同或相似的活动或行为相关的不同事物，一类是与相同或相似的目标相关的不同活动或行为。针对每一类型，我们在语料中发现如下一些特设范畴。

4.3.1 不同事物

以下例子分句中所提及的各项事物，彼此之间并未存在常见的经典语义关系，但它们之间却存在因某一相同目标而相关的联系。因为是同一目标下的各类不同事物，各分句之间展现为平行的连贯关系，即小句之间是就同一个情况或事件从不同方面加以陈述。

> 囡囡扑过去，在外婆的布口袋里乱掏，掏出一盒彩色**蜡笔**，一个好看的**本子**，还有一件**花衣裳**。（给孩子的礼物：蜡笔，本子，花衣裳）
>
> 2015 年 7 月 6 日，我和老阳领了**结婚证**。没有**房子**，没有**婚礼**，没有**戒指**。（结婚物品：结婚证，房子，婚礼，戒指）
>
> 我们俩几乎榨光了农村里两家爸妈所有的**血汗钱**，加之**贷款**，找亲戚朋友**借款**，**刷信用卡**，以及我们的 20 万块**存款**，外加砸锅卖铁，凑够了 40 万**首付**。（买房付款的方式：血汗钱，贷款，借款，刷信用卡，存款，首付）
>
> 一两分钟之后，大家又哗地散开，急急忙忙地拉开**抽屉**、掏扯**口袋**，检查自己的菜**票夹**。（票据储存地点：抽屉，口袋，票夹）
>
> 他穿着高档的灰色**西服**，系着一条优雅的黑色暗花德国**领带**，头发梳理得齐如密林，**皮鞋**、**怀表**、**手绢**……用的都是最好的，而且非常干

净。（体面的装束：西服，领带，皮鞋，怀表，手绢）

　　路灯熄了，**车辆**撒起了欢儿，**行人**又在站牌前排起了队。（街道上的事物：路灯，车辆，行人）

　　她厉声把我们两人训斥了一顿，她的**声音**非常大，**语速**飞快，**话**又密集，雨打芭蕉一般，把我们两人骂得狗血淋头。（说话时的因素：声音，语速，话）

4.3.2　不同活动行为

　　有些动作行为看似不相关联，但按一定顺序组合或经常搭配出现，可以反映同一目标意义，那么这些动作词汇可以合并成特设范畴。比如"捡""装""拉""堆"这样的动词，按照一定顺序排列组合，即为收饲料的一般过程描述。再如，"问候""闲聊""祝福"是朋友见面互致问候的常见行为，属于同一个范畴。在语料分析中，有部分特设范畴的行为是具有承接顺序的，也就是说，按照一定顺序地排列组合，可以表现事情的发展经过，比如起床的一系列动作、写信的过程等。另有一类特设范畴的动作行为动词，不具有明显的承接顺序。鉴于此，通过特设范畴的词汇语义关系，我们可以判定两类分句的隐性连贯关系，一种是承接关系，一种是平行关系。

　　承接关系是指小句之间存在动作先后的承接顺序，后一小句是前一小句的继承动作，体现了一种顺承关系。

　　他们把遗落在地里的菜帮也**捡**起来，**装**进麻袋，**拉**回家，**堆**在仓房旁，作为猪饲料。（收饲料过程：捡，装，拉，堆）

　　因因每天早上**醒**来，自己**穿**好衣服，**梳**好辫子，噔噔噔跑到桑树林，看外婆有没有飞走。（起床的一系列动作：醒，穿，梳）

　　早起太难，闹钟狂作，人如**大梦初醒**，于床榻**辗转**，终究不得不蓬头垢面地**坐起**，短时间内，必须完成**洗漱**、**如厕**、**用餐**。（起床的一系列动作：早起，大梦初醒，辗转，坐起，洗漱，如厕，用餐）

　　每次**写信**，我会先**起草稿**至午夜，清晨五点花一个多小时**修改**，力臻完美，再另花一个小时**抄写**到薄薄的信纸上。（写信的过程：起草稿，

修改，抄写)

　　我外婆便**烧**开一锅热**水**，将香椿芽**烫**一烫，**拌**了麻油；大块豆腐**切**好了，用水烫一烫，**下**一些**盐**，等一等，和香椿芽一拌，香味流溢。(做饭步骤：烧水，烫，拌，切，下盐)

　　所以我当着她的面就把作文本**撕**了，**扔**在了地上，一头**冲**出教室，来到了离教室不远处的一条大河边。(愤怒的行为：撕，扔，冲)

　　他突如其来地发作了，豹子一样**跳**起来，伸手**揪**住我母亲的头发，哗地一下子，将我母亲仰面**扯倒**在地。(愤怒的行为：跳，揪，扯倒)

　　她把自己的父亲一把**推倒**在大院里，把墙上的那幅墨荷**拽**下来，**扔**在院子里，**踩**在了脚下。(愤怒的行为：推倒，拽，扔，踩)

　　他惊吓之后的反应是更加狂暴，**跳**着、**骂**着，用脚尖拼命**踢**着……(愤怒的行为：跳，骂，踢)

平行关系是指各小句从不同方面就一个情况进行陈述，不存在必需的顺承关系。

　　当年曾有过一段四面楚歌的失意日子：与林燕妮**分手**，投资电影公司**经营失败**，**负债累累**，当时他**无家可归**，四处**躲债**，连死的心都有了。(失意的事：分手，经营失败，负债累累，无家可归，躲债)

　　翻过秦岭，**越**过黄河，沿河西走廊**踏**上丝绸之路，经敦煌过玉门关**进入**塔克拉玛干沙漠。(旅行过程：翻，越，踏，进入)

　　找北京最好的**医生**，**学针灸**、**学病理**，疯了似的**求偏方**、找仪器。(如何看病：找医生，学针灸，学病理，求偏方)

　　邻居互相**问候**，站在巷子里**闲聊**，彼此**祝福**。(问候的过程：问候，闲聊，祝福)

特设范畴是对人类跨域认知能力的一个提炼，是语义关系中较为特殊又普遍存在的范畴。虽然在有限样本的语料分析中，其所占比例并不大，但它的存在是有价值和意义的。这些范畴一旦固定下来，并进入人类的长期记忆中，将起到和经典范畴一致的分类作用。同时借助特设范畴所搭建的语义关系，我们可以识别语篇中的连贯关系。具体而言，同一目标下的不同事物，在分句中起到平行叙述的作用，提示分句间的平行连贯关系。同一目标下的不同活动，按联系的紧密程度，其连贯关系可体现为承接关系或平行关系（表4-5）。

表4-5　特设范畴与连贯关系

特设范畴	连贯关系类型
不同事物	平行关系
不同动作	承接关系
	平行关系

4.4　本章小结

　　非经典词汇语义关系和经典词汇语义关系一样，在汉语中大量存在，并且具有非经典词汇语义关系的词汇可以提示分句连贯关系。在本章，笔者对三种非经典语义关系进行考察，分别是相关词汇（RTs）、格关系和特设范畴。相关词汇因其关系类型众多和语料资源丰富成为研究的重点。本章论述了16种相关词汇语义关系在现代汉语语篇中的例证，同时又发现了3种新的相关词汇语义关系，并总结了这19种相关词汇语义关系所对应的语篇隐性连贯关系类型。格关系和特设范畴在语篇中的存在比例相对较少，本章总结了格关系中"施事/行为""施事/工具""施事/客体""行为/受事"四种关系出现在分句中时所体现的连贯关系。对于特设范畴，总结了具有"同一目标下的不同事物"和"同一目标下不同动作"特点的一些特设范畴，从中发现，当特设范畴出现在句群中时，句子之间往往体现为平行或承接关系。具体总结参见表4-6。

表4-6　非经典词汇语义关系与连贯关系

序号	连贯关系	功能描述	关系定义	词汇语义关系
1	方式关系	后续内容说明实现前述内容的具体方法或手段	前述小句或后续小句说明实现某种情况或实施某种行为的具体方式或手段	活动及其所使用的方法
				活动及所使用的材料和装备

续表

序号	连贯关系	功能描述	关系定义	词汇语义关系
2	详述关系	后续内容为前述内容提供更为具体的细节，是对前述内容的展开或进一步说明	后续小句对前述小句或其中的某个成分提供细节补充	实体及其制作材料
				实体及其属性
				实体及其测量单位
				实体及其表现形式
				模范（整体）和个体的关系
				格关系（施事/工具）
				格关系（施事/客体）
3	环境关系	后续内容为前述内容提供一个时空环境	前述小句或后继小句中包含时间地点的信息，为相关活动提供环境因素	人物及其常出现的地方
				活动及所处环境或场景
				实体/活动出现/发生的时间
				实体及其通常出现的地方
4	结果关系	后续内容是前述内容发展变化的结果	后续小句呈现前述事件发展变化的最终结果	活动以及结果
				特性及与之相关的行为
				情况（条件、动作）以及在该情况下可以发生的事
5	序列关系	前述内容与后续内容存在一定顺序	前述小句与后续小句存在时间、方位或排列上的顺序	序列关系（时间、排列、方位）
6	纪效关系	后续内容是前述内容的后果或效果	前述小句陈述一种原因，后续小句是这种原因造成的结果	因果关系（前因后果）
7	释因关系	后续内容是引起前述内容的原因	前述小句陈述一种情况，后续小句解释造成这种情况的原因	因果关系（前果后因）
8	解答关系	后续内容为前述内容提供一种解答	后续小句为前述小句提供答案或解释	解答关系

续表

序号	连贯关系	功能描述	关系定义	词汇语义关系
9	目的关系	后续小句是前述小句的目的	后续小句为前述小句说明目的	用途（材料/目标）
10	添补关系	后续内容对前述内容起到补充作用	后续小句是对前述内容的补充说明，增添新信息	过程以及与过程相关的人
				实体及其测量单位
				格关系（施事/行为）
				格关系（行为/受事）
11	平行关系	后续内容与前述内容平行并列，就同一问题分层次阐述	后续小句和前述小句构成平行并举的关系，就同一情况或事件从不同方面陈述	特设范畴
12	承接关系	后续内容是对前述内容的顺承延续，体现活动的顺序	后续小句是对前述小句的继续，在意义上体现出顺承关系	特设范畴（不同动作）

将表4-6简化，可以看到非经典词汇语义关系与其所体现的隐性连贯关系的一一对应关系，见表4-7。

表4-7　非经典词汇语义关系与对应连贯关系

类型	非经典词汇语义关系	连贯关系
相关词汇	活动及其所使用的方法	方式关系
	活动以及结果	结果关系
	序列关系	序列关系
	过程以及与过程相关的人	添补关系
	特性及与之相关的行为	结果关系
	活动及所使用的材料和装备	方式关系
	实体及其制作材料	详述关系
	实体及其属性	详述关系
	实体及其测量单位	详述关系/添补关系

续表

类型	非经典词汇语义关系	连贯关系
相关词汇	实体及其通常出现的地方	环境关系
	情况（条件、动作）以及在该情况下可以发生的事	结果关系
	模范（整体）与个体关系	详述关系
	因果关系	释因关系/纪效关系
	人物及其常出现的地方	环境关系
	活动及其所处环境或场景	环境关系
	用途（材料/目标）	目的关系
	实体/活动出现/发生的时间	环境关系
	实体及其表现形式	详述关系
	解答关系	解答关系
格关系	施事/行为	添补关系
	施事/工具	详述关系
	施事/客体	详述关系
	行为/受事	添补关系
特设范畴	不同事物	平行关系
	不同动作	承接关系
		平行关系

5　计算机识别隐性连贯实验

计算机是否可以识别小句中存在语义关系的词对，识别准确率为多少，这是从语义关系出发来判定小句之间隐性连贯关系的基础。如果计算机无法提取出具有相关词汇对的小句，就无从判断小句之间的关系。鉴于此，笔者进行了相关实验。

5.1　实验思路及方法

5.1.1　实验思路

笔者力图建立一个含有几种词汇语义关系的数据库，继而输送给计算机语料，由计算机搜索数据库中的词汇对，对语料中的句子进行匹配。如果可以搜索出正确的句子，则证明计算机可以识别有意义关系的词汇对，并提取相关小句。基于此，我们可以进一步探索规律，归纳特征，研究如何应用词汇语义关系集与小句连贯关系集，这样距离计算机通过词汇语义关系识别小句隐性连贯关系就越来越近。

5.1.2　实验方法

5.1.2.1　建立数据库

笔者选取了6种出现频率较高的词汇语义关系进行考察，包括3种经典词汇语义关系——同义关系、反义关系和整体与部分关系，3种非经典语义关系——实体及其测量单位、序列关系以及实体及其经常出现的地方。笔者依然依据《读者》这一语料来源，通过处理2013年到2017年共计90期文字语料，约300万字的语料数据，获得了存在以上6种语义关系的句子共计3.2万余字。这些句子都符合隐性连贯特征，即相邻小句之间不存在常见的连贯标记词，并且词汇对是出现在相邻小句中，不是出现在同一小句中，最重要的是，这些句子之间的连贯关系确实可以通过词汇对的关系有所体现。笔者收集整理了这些句子中的词汇对，其中：同义词对207个，后参照同义词词林，拓展到4505个；反义词对282个；整体与部分关系词对188个；实体及其测量单位词对91个；序列关系词对189个；实体及其经常出现的地方词对103个。笔者将这些词汇对整合起来建立了数据库，作为计算机搜索的根据。

5.1.2.2　分句

为了更好地让计算机读取语料，首先要求计算机对语料中的句子进行切

面向计算的词汇语义关系与语篇隐性连贯研究

分。在本实验中，因为研究对象是按照标点符号切分的小句，因此，计算机也按照标点对语料进行切分，代码如图5-1所示。

```
#打开文件
def openFile(p):
    f = open(p,'r')
    L = []
    for i in f:
        L.append(i)
    return L


#文章分句
def cut_sent(para):
    para = re.sub('([。！？\?])([^"''])',r"\1\n\2",para)
    para = re.sub('(\.{6})([^"''])',r"\1\n\2",para)
    para = re.sub('(\…{2})([^"''])',r"\1\n\2",para)
    para = para.rstrip()
    return para.split("\n")
```

图5-1　计算机分句所用代码

句子切分后如图5-2所示。

14	str	1	他们把床单和被罩撕成宽宽的长条，连成一条绳子。
15	str	1	男人估测了一下长度，摇摇头，又脱下他衬衣，连上。
16	str	1	长度仍然不够，男人开始撕扯着窗帘。
17	str	1	一股火焰猛地蹿进来，在男人面前拐了个弯。
18	str	1	女人说，没时间了。
19	str	1	男人将床上的被褥扔出窗外，然后把绳子系在一根结实的窗骨上，狠狠拽了拽。
20	str	1	他对女人说，滑下去！
21	str	1	女人拼命摇头。
22	str	1	她开始哭泣。
23	str	1	男人说没事，你抓紧绳子，慢慢向下滑。
24	str	1	你准能行的。
25	str	1	女人说你呢？
26	str	1	男人说你先滑下去，我马上。
27	str	1	他把女人抱上窗台，将绳子的末端在她的腰上缠了一圈。
28	str	1	男人大汗淋淋，呼吸困难。

图5-2　分句样例

5.1.2.3　删选句子

接着，计算机要删除不符合条件的句子，包括对话句和没有逗号的句子，留下的句子由逗号等标点隔开的小句组成，代码如图 5-3 所示。

```
t1 = ', '
t2 = ': "'
t3 = '。"'
t4 = ', "'
t5 = '? "'
list1 = []
for i in results:
    r1 = t1 in i
    if(r1==True):
        list1.append(i)

list2 = []
for j in list1:

    r2 = t2 in j
    r3 = t3 in j
    r4 = t4 in j
    r5 = t5 in j
    # r2 = t2 in i
    if(r2==False and r3==False and r4==False and r5==False):
        #print(j)
        list2.append(j)
```

图 5-3　计算机删除非标点句所用代码

图 5-4 为删选后符合条件的句子样例。

16	str	1	他对女人说，滑下去!
17	str	1	男人说没事，你抓紧绳子，慢慢向下滑。
18	str	1	男人说你先滑下去，我马上。
19	str	1	他把女人抱上窗台，将绳子的末端在她的腰上缠了一圈。
20	str	1	男人大汗淋淋，呼吸困难。
21	str	1	男人说千万抓紧，记住，一点一点往下滑。
22	str	1	男人拉住绳子的另一端，男人说，我爱你。
23	str	1	她像一只笨拙的壁虎，沿着滚烫的楼壁，一寸一寸地接近地面。
24	str	1	终于，女人滑到了绳子尽头。
25	str	1	可是她的身子，仍然停留在半空。

图 5-4　非标点句删选后样例

5.1.2.4 删除连接词

对筛选过的句子，计算机要进行词性标注，从而识别连接词，删除有连接词的句子，剩下具备隐性连贯关系的句子。通过整理语料，笔者发现《读者》叙事文中主要存在的连接词为以下几种，因此具备以下连接词的句子要予以删除。

	所以	不管……都……
更	因此	不是……而是……
却	因为	尽管……但……
也	由于	是……还是……
不过	但是（但）	虽然……但是……
假设	可是（可）	无论……还是……
即使	然而（而）	只要……就……
如果	若（若是）	只有……才……

删除有连接词的句子所用代码如图 5-5 所示。

```
for m in list2:
    count = 0
    for n in psg.cut(m):
        if(n.flag=='c' or n.flag=='cc'):

            count = 1
    if(count==1):
        #print(m)
        list2.remove(m)
```

图 5-5　计算机删除含有连接词句子所用代码

运行以后，我们可以看到，在图 5-6 中已经找不到图 5-4 中的句子"可是她的身子，仍然停留在半空"。该句被删除，是因为句中存在"可是"这样的连接词。

12	str	1	男人说没事，你抓紧绳子，慢慢向下滑。
13	str	1	男人说你先滑下去，我马上。
14	str	1	他把女人抱出窗台，将绳子的末端在她的腰上缠了一圈。
15	str	1	男人大汗淙淙，呼吸困难。
16	str	1	男人说千万抓紧，记住，一点一点往下滑。
17	str	1	男人拉住绳子的另一端，男人说，我爱你。
18	str	1	她像一只笨拙的壁虎，沿着滚烫的楼壁，一寸一寸地接近地面。
19	str	1	终于，女人滑到了绳子尽头。
20	str	1	四面都是烈焰，女人的手指钻心地痛。
21	str	1	男人用尽浑身力气将那段绳子往上拉，然后用牙齿，咬开系在窗骨上的死结。
22	str	1	刹那间巨大的冲击力让男人的身体剧烈前倾，险些被拉出窗外。

图 5-6   句子连接词删除后样例

5.1.2.5   句子分词

在删除连接词后，我们对剩下的句子进行分词。分词的目的是明晰句子的词汇结构，便于搜索匹配。

代码如图 5-7 所示。

```
# 对句子进行分词
def seg_sentence(sentence):
    sentence_seged = jieba.cut(sentence.strip())
    stopwords = stopwordslist(r'C:\Users\lizhitong\Desktop\liuxin\exp\stopwords.txt')
    outstr = ''
    for word in sentence_seged:
        if word not in stopwords:
            if word != '\t':
                outstr += word
                outstr += " "
    return outstr
```

图 5-7   计算机分词所用代码

未分词的句子如图 5-8 所示。

| str | 1 | 丈夫用实际行动给年轻的我上了深刻的一课，这一课促成了我们长达51年的美满婚姻。 |

图 5-8   未分词句子样例

分词后句子如图 5-9 所示。

Index	Type	Size	
0	str	1	丈夫
1	str	1	用
2	str	1	实际行动
3	str	1	给
4	str	1	年轻
5	str	1	我
6	str	1	上
7	str	1	深刻
8	str	1	一课
9	str	1	一课
10	str	1	促成
11	str	1	我们
12	str	1	长达
13	str	1	年
14	str	1	美满婚姻

图 5-9　句子分词后效果

5.1.2.6　匹配搜索

对句子分词后，让计算机在词对库内进行匹配查找，当检索到一组词对时，就将具备该词对的句子整理出来，并保证该词对中的两个词不在同一个小句内，可以标记相邻小句关系。代码如图 5-10 所示。

```
##匹配且分类##
def findcp(sentence,ciduiku):
    L = []

    print(sentence)
    for line in ciduiku:

        line = line.strip('\n')
        a = line.split(' ')
        if (a[1] in sentence) and (a[0] in sentence) :

            L.append(line)
            return True,L

    return False,L
```

图 5-10　计算机匹配搜索所用代码

部分实验结果截图如图 5-11 所示。

但是，奇妙的一幕出现了：高举的拳头缓缓落下，松开成手掌，并且慢慢地犹豫地伸向聂鲁达：你是聂鲁达？
['慢慢 缓缓']
它提醒孩子们，在他们出生的那一天，平凡中的确诞生了奇迹。
['出生 诞生']
玩到晚上，即使筋疲力尽，也要看看有没有酒吧可以走走逛逛，有没有夜生活的地方。
['逛逛 走走']
很多人过完一辈子，一生中真正自由的时间，却少得可怜。
['一辈子 一生']

图 5-11 搜索句子截图

对于给定的语料，计算机每一次都按照这个流程进行操作，提取出相应的句子。笔者用这个方法，做了两项实验，其数据统计和分析结果请见下文。

5.2 实验 I 及结果分析

5.2.1 实验 I 及统计结果

基于以上的方法，笔者进行了两类实验。第一类，随机挑选出《读者》2015 年第 24 期的 20 篇叙事文章，对这些文章进行人工分析标注，寻找存在 6 种词汇语义关系的词汇对并可通过这些语义关系表征隐性连贯意义的句子，寻找到的句子数量参见表 5-1。

表 5-1 实验 I 语料数据

词汇语义关系	数量（句）
同义关系	27
反义关系	19
整体与部分	11
实体及其测量单位	2
序列关系	5
实体及其经常出现的地方	12

我们将这些句子中的词对也添加进数据库中，进而让计算机按照上面的操作步骤，对这 20 篇文章进行处理。计算机在经过分句、删选、分词和搜索的一系列操作后，挑选出 43 个句子，具体分配情况如表 5-2 所示。

表 5-2　实验 I 测试结果

词汇语义关系	数量（句）	与人工标注句子相符的数量（句）	识别率（%）	准确率（%）
同义关系	11	8	29.6	72.7
反义关系	15	8	42.1	53.3
整体与部分	9	5	45.5	55.6
实体及其测量单位	1	0	0.0	0.0
序列关系	4	4	80.0	100.0
实体及其经常出现的地方	3	3	25.0	100.0

　　识别结果表明，计算机是可以依据词汇语义关系数据库进行搜索和提取句子的。特别是对于经典词汇语义关系词汇对，计算机的识别率比较稳定，平均为39%，识别准确率平均为60.5%。但是非经典词汇语义关系词汇对的识别难度参差不齐，有些关系较好识别，且准确率非常高，如序列关系；有些关系就较难识别，且识别率很低。

　　但是计算机所抽取的句子，即便与人工标注的句子不符合，相邻小句间也存在符合一定语义关系的词汇对，只是小句间的连贯关系与该词汇对没有显著的关系，或者说该词汇对的关系对句子关系的贡献意义不大。比如这样的句子：

　　在**大西洋**的边缘，满**世界**的水怎么就没有消失呢？（整体与部分：世界，大西洋）

　　每天，我带着**父亲**往来跑医院，陪**母亲**走完她人生的最后一程。（反义关系：父亲，母亲）

　　以上计算机抽取的句子虽然相邻小句里存在有语义关系的词汇对，但小句之间的关系并不能依靠词汇之间的关系表征。这是影响准确率的主要原因。在现有条件下，计算机还无法做到像人脑一样判断词汇对和句子连贯是否存在关系，但可以证明一点，计算机是可以按照数据库中具有一定语义关系的词汇对，提取具有这样词汇对的句子的。

　　如果没有将这20篇语料中所涉及的新的词汇对输入数据库，而只是使用原有的数据库，搜索结果会是什么样的呢？笔者进行了对比实验，结果计算机仅搜索到 13 个句子，具体分配情况如表 5-3 所示。

表 5-3　实验 I 小型数据库对比测试结果

词汇语义关系	数量（句）	与人工标注句子相符的数量（句）	识别率（%）	准确率（%）
同义关系	3	1	3.5	33.3
反义关系	6	0	0.0	0.0
整体与部分	2	0	0.0	0.0
实体及其测量单位	1	0	0.0	0.0
序列关系	1	1	20.0	100.0
实体及其经常出现的地方	1	1	8.3	100.0

表 5-3 中的数据表明，原有的数据库对于识别语义关系词汇对是有帮助的，计算机可以依据该数据库搜索出有一定关系的句子，但是因为库中数据有限，匹配难度增大，识别和提取率就变低。同时，这也说明，如果词汇对数据库足够大，其中的数据足够丰富，那么计算机识别和匹配的能力会大幅提高。

5.2.2　实验 I 词汇语义关系及相关连贯关系分析

5.2.2.1　同义关系

在计算机所提取的 11 句具有同义关系词对的句子中，有 8 句是与人工标注的句子相符合的，且小句间的连贯关系主要体现为平行关系和阐释关系，这与第 3 章的研究是相符合的。这 8 个句子的隐性连贯关系标记如下：

这是一种**奇异**的力量，**不可思议**的力量，我们不敢承认的力量。（平行关系：奇异，不可思议）

我非常担心乌金荡的水**流动**起来，我担心它们向着远方不要命地**奔流**。（平行关系：流动，奔流）

碾米坊内四壁皆是**尘灰**，有人走动时，震动起的**尘埃**是米糠碎末的气息。（阐释关系：尘灰，尘埃）

在闪烁的光柱里，我看见放电影的人也**哭**了，力大如牛能扛两百斤

木头的二舅公也**抽抽噎噎**。（平行关系：哭，抽抽噎噎）

我对旗袍情有独钟，它是一种有**灵气**的衣物，带着**神秘**的气息扑面而来。（阐释关系：灵气，神秘）

每一个孩子都值得被**爱**，被关注，被抱在膝头温暖地**呵护**。（平行关系：爱，呵护）

我尽力**回答**老伯提出的每一个问题，小心翼翼地用最直白的语言**解释**。（平行关系：回答，解释）

有读书的渴求，有观影的**兴致**，有对美好事物的**兴趣**和追求。（平行关系：兴致，兴趣）

特别值得注意的是下面这三个句子，这三个句子是计算机提取的，人工标注并未发现这几个句子具有同义词对且小句之间存在隐性连贯关系。在计算机将这些句子提取出来以后，笔者经研究发现，这三个句子中词对的语义关系确实表征了小句之间的关系。从这个意义来看，此次对同义词对提取的句子，准确率达到了100%。当然这里有偶然因素，因为我们并未进一步帮助计算机确定具有同义词对的句子，需要具备何种句子结构或类型，才能标记平行关系或阐释关系，这一步还主要通过人工理解和标注来进行。但是以上结果依然证明计算机可以通过提取词汇对，将有隐性连贯的小句提取出来，下一步要做的就是引入句法分析，进一步归纳句子特点，缩小规定范围，从而帮助计算机识别小句间的连贯关系。

他**随着**音乐，**跟着**节奏，移动着双手，像天才一般。（平行关系：随着，跟着）

他总是只挑几样稍微**品尝**一下，他主要还是**吃**主食——两碗红薯小米粥。（平行关系：品尝，吃）

他伸展着枝丫，绿意蓬勃，终于也可以把自己得到的**温暖**、关怀，还有**爱**，奉献给那些更小的、更需要关心的孩子。（平行关系：温暖，爱）

5.2.2.2 反义关系

计算机提取的8个具有反义关系词对的句子是与人工标注的句子相一致

的。这些句子中的反义词对，提示了小句之间的连贯关系，其连贯关系主要表现为对应和对比关系，与第3章对反义关系所标记的连贯关系类型相一致。

他习惯**每夜**静坐、看书，**每日**接待、应对，都是用时无心，无心正用。(对应关系：每夜，每日)

那时正值春节，大概是初五初六，**天**还下着雪，**地上**有雪。(对应关系：天，地上)

这时涌进五六个中国学生，**女生**都背着叫得出牌子的包包，**男生**都穿着认得出牌子的 T 恤。(对应关系：女生，男生)

比起讲**中文**时的张扬，他们讲**英文**的时候，语调一下子就低了一个八度，含含糊糊地像含着个鸡蛋。(对应关系：中文，英文)

随着父母的逐渐衰老，照顾长兄的能力**减弱**，仰赖长兄的时间**增多**。(对比关系：减弱，增多)

有时候要点小**赖皮**，其实很**自律**。(对比关系：赖皮，自律)

群居的时候不哀怨命运，孑然**自处**的时候随顺喜乐。(对比关系：群居，自处)

在外面**流浪**久了，又会有**回家**的向往。(对比关系：流浪，回家)

对于以下几个句子，计算机虽然抓取了对应关系词对，如父亲-母亲、爸-妈、男人-女人等，但并不是出现了这些关系词对，小句之间就体现为对应关系。研究中笔者发现，具备这样的关系词对，同时小句之间又为对应关系的句子，往往结构相似，对应关系词所担任的句子成分相近，常常对照或对仗出现。例如："**父亲**罹患重症，**母亲**身体也不好。(父亲，母亲)""**爸爸**走了，**妈妈**没有工作。(爸爸，妈妈)"由此可见，进一步概括和抽象小句特征，帮助计算机设定限定条件，过滤不合格的句子，才能抽取出最符合要求的句子，提高识别准确率。

不只是皇家**贵族**士大夫的文明，而是每一个**老百姓**都平等地拥有了这些代表文明的东西，这才代表着一个国家的文明和进步。(贵族，老百姓)

处理完**一天**积攒的信件之后，他便开始读书，直至黎明，常常**一夜**

就读完几本书。(一天，一夜)

    父亲的问题尚未解决，我却在毫无心理准备的情况下听到医生惊人的宣判：你**母亲**，已是癌症末期！(父亲，母亲)

    每天，我带着**父亲**往来跑医院，陪**母亲**走完她人生的最后一程。(父亲，母亲)

    我记不起**妈**去广场跳舞，后来因为老师要统一着装，她就不去了，甘愿在家打扫我的房间；我也忘记了**爸**推掉了酒局，只愿意在家侍弄花园，或者一遍遍看我的艺术照。(爸，妈)

    一位伯伯说，他二十几年**前**和老伴来新西兰定居，在这里生育了一个女儿，那时夫妻俩辛苦经营着一家中餐馆，无暇照顾孩子，结果长大**后**的女儿完全融入了西方文化，不会说、也不想说一句中文。(前，后)

    好了，这时候**男人**的狩猎本能爆发，在又听到"你在哪里"的时候，像大力水手吃到了菠菜，偷情的本领愈来愈大，没有任何一个**女人**可以抓得住。(男人，女人)

5.2.2.3　整体与部分

    计算机选取的5个具备整体与部分关系词对的句子，是与人工标注的句子相一致的，小句之间的关系表现为详述关系，即"部分"所在的小句是"整体"所在小句的详细说明。

    现在国人**谈话**的时候，有个人人热衷的**主题**：土豪。(详述关系：谈话，主题)

    有个小伙子，骑辆破**摩托**去什么地方，路况不好，**油箱盖**被颠掉了。(详述关系：摩托，油箱盖)

    在**学校**里，他是个孤独迟钝的学生，坐在**课堂**上，站在**操场**边，像个永远无法融入集体的局外人。(详述关系：学校，课堂，操场)

    这个年近五十的**女人**，**肩膀**耸动，**鼻尖**通红，眼泪像断线的珠子，流满了整张脸。(详述关系：女人，肩膀，鼻尖)

    汉语是一种很美的语言，不管是台湾"**国语**"还是北京**普通话**。(详述关系：汉语，国语，普通话)

在以下几个句子中，计算机选取了具有整体与部分关系的词对，如"世界"和"大西洋"、"中国"和"北京"，说明计算机可以按照规则提取所需的关系词对，只是因为限定条件有限，计算机还无法做到进一步去挑选小句之间关系为详述关系的句子，所以以下句子虽然有词对，但不能通过词对关系，判断小句之间的关系。

　　但是，我还是不放心，或者说，我还是有疑问——在**大西洋**的边缘，满**世界**的水怎么就没有淌走呢？（世界，大西洋）
　　这时候你当然渴望变成一只鸟，你沿着**大西洋**的剖面，也就是**世界**的边沿垂直而下，你看见了带鱼、梭子蟹、海豚、剑吻鲨、乌贼、海鳗……（世界，大西洋）
　　北京还专门报道过，说我们搞旅游吸引人家来，外国游客想不到上卫生间要自己带纸，当然**中国**人自己知道，外国游客想不到，进去完事了就很尴尬。（中国，北京）
　　刚失去**母亲**，又失去娘家的我，瞬间魂飞魄散，不知该怎么回到自己**家**，更不知道该如何去面对暂住于儿子房间里的老父亲。（家，母亲）

5.2.2.4　非经典词汇语义关系

　　在这次实验中，计算机在提取非经典词汇语义关系词对方面的表现不尽如人意。其中一个比较重要的原因是语料中人工标注的符合条件的句子比较少，这为计算机搜索提供的范围就小很多。另一方面也说明计算机的匹配精确度还有待提高，需要进一步改进程序，提高搜索精度。但是研究计算机提取的存在以下三种非经典语义关系词对的句子，发现计算机还是可以做到按照语义关系搜索规则进行搜索，虽然在"实体及其测量单位"这个语义关系词对上选取的句子不能通过词对识别连贯关系，但另外两种语义关系还是做到了成功识别。同时，这些句子小句之间的连贯关系和第4章研究总结的关系类型一致。
　　实体及其测量单位：

　　一架北京飞澳门的航班，在北京机场干等了**3**个**小时**，关在飞机里的乘客变得暴躁不堪，恰好搭乘这班飞机的美国费城交响乐团，自发演奏了一首曲风由从容转向欢快的《美国四重奏》，当乐声流泻，所有人都安静了，飞机一轮又一轮的排队**时间**显得如此美妙。（时间，小时）

在这个唯一选中的句子里，计算机匹配到了词对"时间"和"小时"，但是小句之间的关系并不能通过该词对来标记连贯关系，因此这个识别是不准确的。

序列关系：

孩子们**十岁**上学，**十五岁**毕业。（序列关系：十岁，十五岁）

中午十二点前后，父亲休息结束，之后又忙于各项事务，直到**下午**六点左右，才又回到自己的会客厅，与来自各地的客人见面。（序列关系：中午，下午）

这一端，我在**早晨**起床时，看见妈为我精心布置的房间；**晚上**去打工的路上，收到花园里枸杞结果的照片；又在无数个入梦前的**深夜**，收到爸妈隔着时差的"晚安"。（序列关系：早晨，晚上，深夜）

独处需要两种元素，**一是**内心强大，**二是**内心丰富。（序列关系：一是，二是）

在以上句子里，计算机成功匹配到表示序列关系的词对，并且这些词对在句子中也标记了小句之间的连贯关系。

实体及其经常出现的地方：

我应当坐在**教室**里，听**老师**们讲刘胡兰、雷锋的故事。（环境关系：教室，老师）

我的心像夏夜里的**宇宙**，一颗**星**就是一个窟窿。（环境关系：宇宙，星）

几年前，我在车上遇到个西部人，说起他家乡是**古都**，地下**文物**极多。（环境关系：古都，文物）

在上面这几个句子里，计算机成功匹配到符合"实体及其经常出现的地方"关系的词对，恰好在这些句子中，"出现的地方"和"实体"词汇所在的小句之间体现为环境关系。

5.3 实验 II 及结果分析

5.3.1 实验 II 及统计结果

笔者进行的第二类实验是使用 2007 年《读者》合订本中的叙事文，共计 44 万字的语料，将这些语料交给计算机进行处理，利用已建立的词对库，搜索存在上文所述的 6 种语义关系词对的句子。这些语料未经人工标注，没有对比项，笔者统计了计算机寻找到的句子数量及准确率，参见表 5-4。

表 5-4　实验 II 测试结果

词汇语义关系	提取句子数量（个）	词对可以表征连贯关系的句子（个）	准确率（%）
同义关系	25	8	32.0
反义关系	80	28	35.0
整体与部分	6	2	33.0
实体及其测量单位	4	1	25.0
序列关系	38	4	10.5
实体及其经常出现的地方	3	0	0.0

可以看到，计算机是可以按照指令搜索到含有相关词对的句子的，含有经典词汇语义关系词对的句子总量，多于非经典词汇语义关系的句子。可以通过经典词汇语义关系表征连贯关系的句子平均占比达到 33.3%，可以通过非经典词汇语义关系表征连贯关系的句子平均占比较低，为 11.8%。

5.3.2 实验 II 词汇语义关系及相关连贯关系分析

5.3.2.1 同义关系

从计算机抽取的 25 句中进行筛选，发现只有 8 句可以通过词对来标记小句间的连贯关系。其他句子不符合的原因，有的是词对相隔较远，已经失去了连贯连接能力，比如下句：

这两天，我**常常**会想起沈君的事和沈君的话，我就发现沈君所碰到的看到的听到的那些事，其实我们更是**经常**碰到看到听到，只是我们早已麻木罢了。(经常，常常)

或者同义词出现的位置并不对应，比如下面句子里，"温暖"是形容"小手"，而"爱"是指"爱的海洋"。

握着那细细的粉笔，她感觉自己握着的不是一支粉笔，而是一双双**温暖**的小手，一支有力的橹桨，在**爱**的海洋里划呀划。(温暖，爱)

有的是句子里面的连接词没有删除干净，而不符合隐性连贯的标准。如：

代际**贫困**则是一颗危险的种子，一些人可以忍受自己的**贫穷**，却不能接受第二代甚至第三代依然贫穷。(贫穷，贫困)

经过分析，发现可以通过词对判断小句连贯关系的句子具备一定的结构特点。句子结构比较相似，或近似排比结构，同义词出现的位置或所充当的成分比较一致。比如：

甚至有人问我教育孩子时**应当**遵循什么样的原则，对于不同年龄段的孩子**应该**采取什么样的教育方法。(平行关系：应该，应当)

一个真正的慈善家首先应有**仁慈**之心，能体恤他人；其次应有**善良**之心，懂得尊重别人。(平行关系：仁慈，善良)

要求广大学子乃至全体国民为我泱泱大国的伟大文化而**骄傲**，为我们祖先的"先见"之明而**自豪**。(平行关系：骄傲，自豪)

这说明，计算机利用词汇语义关系词对判定隐性连贯关系时，需要引入句法特征，需要进一步总结句子结构和语法成分特点，进行形式化，交由机器学习，这将有助于机器提高搜索的精确性。

5.3.2.2 反义关系

反义关系词对是这次实验中计算机获取数量最高的一种，经过分析发现，计算机所抽取的句子，其所具备的反义关系词对多数为对应反义词，如"父-母（爸爸-妈妈）""男人-女人"，以及相对反义词，如"早上-晚上""上-下"等（参见下例），所以其所表征的小句之间的关系多为对应关系。而第3章所提到的反义关系词对可以表征的转折关系、对比关系和承接关系，这次实验提取到的具备这些隐性连贯关系的句子并不多。

父亲是座山，**母亲**是条河，父母的风景是流动的，是动人的。（父亲，母亲）

父亲去了湖北的干校，**母亲**带妹妹去了河南的干校。（父亲，母亲）

我看到了我的屋檐，**冬天**时结满冰凌，**夏天**时絮满鸟鸣。（冬天，夏天）

大声疾呼于**前**，冷静分析在**后**，正是与时俱进。（前，后）

我们**白天**棹船游泳，**晚上**喝酒聊天。（白天，晚上）

白天东游西荡，**晚上**睡火车站广场。（白天，晚上）

出现以上结果的主要原因是在现实语篇中存在对应反义词的句子数量相对较多，而更为具体的对立或矛盾的词对，其多样性和变化性更强，如果词库中没有完全一致的词对，则计算机较难匹配。但是如果我们可以扩大词对库，借鉴"滚雪球"的原理，逐渐通过机器学习，由机器丰富和建立起各类型的反义关系词对库，那么今后的计算机识别将有很大的进步空间。

在研究中还发现，尽管计算机提取到大量具备对应反义词词对的句子，但是真正可以表示小句关系的词对还是要依靠更为严谨的结构，比如下面的句子：

男人死死地抓住绳子的一端，冲**女人**喊，别朝下看！（男人，女人）

结婚时**父亲**送的一支"英雄"牌钢笔，**母亲**一直用到70年代，用到笔头磨得溜光。（父亲，母亲）

以上句子虽然具备了"男人-女人""父亲-母亲"这样的词对，但是小句的关系根本无法通过这些词对来体现。可以表征小句连贯关系的反义词对，往往还要借助小句的结构关系，即词对在小句中所作的成分相似，它们出现在对应的位置，且小句结构相似，这样小句之间展现为对应关系。因此，我们需要帮助计算机进一步细化限制条件，这样计算机可以更为精准地选取可以通过反义词对判定句子连贯关系的句子，并最终进一步判定句子的连贯关系类型。

5.3.2.3 整体与部分关系

对于整体与部分关系的词对，计算机的识别率非常低。导致这一结果可能有三个原因：第一是整体与部分关系的词对非常具体，特别是语境依存式的整体与部分关系，这种关系的存在仅体现在某一具体语境下，"部分"指的是某一具体人或事物的"部分"，脱离这一语境后并不具有普遍关系。第二是这次选取的语料，依靠整体与部分语义关系的词对进行衔接的小句较少。第三个原因是给计算机限定的条件不精细。比如计算机抽取的下面两个例子：

> 在**中国**野生羊群身上，居然也有着令人哀伤惆怅的老故事：130多年前，一支由俄国人率领的骆驼队，在晨霜中出了**北京**西直门。（中国，北京）
>
> 当**火车**穿过隧道的时候，完成一次"黑客帝国式行走"——双臂把住**车厢**外侧，横过身子，让脚沿着隧道墙壁飞速"奔跑"。（火车，车厢）

虽然句子中确实存在"中国-北京""火车-车厢"这样的表示整体与部分关系的词对，但是词对之间距离较远，且并不是小句的主语或论元，因而无法标记"部分"所在的小句是"整体"所在小句的详述。正如第3章所提到的，存在整体与部分关系词对，且小句连贯关系为详述关系的句子，一般遵循后句主语为表示"部分"的词汇的原则，或后句意义是围绕"部分"进行进一步说明。如果可以将这一原则或规律形式化，对计算机进行限定，应该可以进一步提高提取的精度。

5.3.2.4 实体及其测量单位

根据对语料的分析，我们已经发现实体及其测量单位的词对，按照"实体"和"测量单位"出现的先后位置，可以表征两种小句连贯关系。"实体"在前句，"单位"在后句，后句是对前句的具体解释，连贯关系表现为详述关系；"单位"在前句，"实体"在后句，后句是对前句内容的补充说明，连贯关系表现为添补关系。这次实验中，计算机提取了4个带有实体及其测量单位词对的句子，其中只有一句比较符合要求，可以表征句际关系，小句之间的连贯关系是添补关系，请见下例。

他每月平均上网费用为七八百**块**，花的都是自己的**钱**。（钱，块）

通过对其他三句的研究我们发现，词对之间间隔较远，且意义上并无相关性，即带有"单位"意义的词汇并不是"实体"词汇的具体解释。比如：

1970**年**9月，罗尔斯又回到哈佛，由于同时承担着行政和教学任务，他只能利用晚上的**时间**对手稿进行最后的润色。（时间，年）

因此，提高计算机提取的精度，我们需要进一步限定条件，可以表征连贯关系的"单位"及其"测量单位"的词对，必须出现在相邻的小句中，且"测量单位"须是对"实体"的具体解释，或者反之。

5.3.2.5 序列关系

此次实验中，计算机提取了38个带有序列关系词对的句子，但只有以下4句是符合标准，词对标记了小句之间是序列关系的连贯关系。

到了赛场上，永远是自我**第一**，球队**第二**。（第一，第二）

中央研究院院长的选举规则是**先**由学者组成的中央研究院评议会投票推荐3名候选人，**再**由民国政府从中遴选任用。（先，再）

李坚不能睡呀，**一来**情况复杂，环境险恶，得多提防着点儿，**二来**那村主任的形象总在他脑子里转着。（一来，二来）

国王的精神享受有三：**一是**有成就感，**二是**有自由度，三是有追随者。（一是，二是）

其他不符合的句子有两种情况。第一，如果小句之间是序列关系，那么小句中存在的时间序列词汇和方位序列词汇将不仅限于两个词构成的词对，即如果是时间序列，则词汇可能为"早上""中午""晚上""深夜"等表示一系列时间顺序的词汇。如果是方位序列，则词汇会涉及"左边""中间""右边"这样一组词汇。但是这次实验中，计算机没有能力读取连续词汇组合，因而抽取出的很多词对与反义关系词对出现了相似性，如"上午，下午""过去，现在""左边，右边"。所以小句之间的关系并不是序列关系，而是反义词对所标记的对应关系。如：

对上了点年纪的男性，**过去**叫中老年人，已显些许"颓势"，**现在**则叫过期男人，名头更不入耳。(过去，现在)

还将**左手**拇指扣进调色板，**右手**拈一支笔。(左手，右手)

实验中的这个发现，要求我们必须进一步厘清序列关系和反义关系词对的差别。如果计算机还按照两个词对的识别方式，将混淆进大量反义关系词对，所以必须进一步细化原则。序列关系是一种比较特殊的词汇组，需要搜索的不仅是两个词对，还必须是有连续关系的一组词汇。

第二个情况和前面几种词对搜索遇到的问题相类似，即虽然小句中出现了所需要的词汇，但是在句子中并不起连贯作用。比如下面的句子：

当汽车到达**下**一站的时候，一个年轻的男子**上**了汽车。(下，上)

母亲的脚跟着她走，她的心跟着母亲走；母亲说一，她不会说二。(一，二)

综上所述，对于序列关系词汇的搜索，首先要确定搜索对象应该是一组有连续关系的词汇，而不仅仅是限于两个词对。除此之外，表示序列关系的词汇在小句中的位置都应该比较一致，往往出现在各小句开头，作为顺序标记。计算机需要进一步明确这些搜索限制，才能更好地匹配到符合标准的句子。

5.3.2.6 实体及其经常出现的地方

这次实验中，计算机只搜索到3个带有实体及其经常出现的地方词对的句子，但是都不符合要求。主要问题在于词库对中的词对精度有待提高，有些词对和整体与部分关系的词对相混淆。实体经常出现的地方并不一定说明该实体就是该地方的一部分。比如，"微笑"常出现在"脸"上，但"微笑"并不是"脸"的一部分。这样的词对的错误导致搜索出的句子不符合要求。所以精确词库中的词对的准确度是先决条件。另外一个问题是小句中虽然出现了表示"实体"及"经常出现的地方"的词对，但关联度不高，被其他语义所覆盖。比如下面这个例子：

> 让我们多享受些阳光，多些看到**星星**、月亮、蓝天的愉悦，多些广阔的空间吧，别让满天飞来飞去的汽车挡住了我们投向**天空**的视线。（天空，星星）

这个句子中，虽然出现了"星星"和"天空"，但是"天空"所在的句子并不是"星星"所在小句的环境背景。综合前面的研究，我们发现，可以通过"实体"及"其经常出现的地方"判断小句关系的句子，需要前述小句中出现表示地方的词汇，后续小句中出现与该地方密切相关的实体。前述小句为后续小句提供了环境背景，两个小句之间需要有非常紧密的语义连接关系。这需要我们再进一步研究语料，提取句法共同特征，交由计算机学习，才能更好更准确地提取有效的句子。

5.4　本章小结

在这一章，笔者尝试通过实验，检测利用词汇语义关系，搜索有隐性连贯关系的小句的可操作性和应用效果。先通过整理语料，自建了一个具有6种语义关系的词汇对数据库，继而通过编码的形式规定计算机搜索的条件，使得计算机可以按照要求，搜索符合要求的句子，即句子需具备相应词汇对，没有连接词，且词汇对出现在相邻小句中。

在此基础上，笔者进行了两项实验。第一项是小型的，有参照样本的。我们要考察针对已经过人工标注，词汇对可以标记隐性连贯关系的句子，计算机的匹配和识别能力有多强。实验表明，对于经典词汇语义关系词汇，计算机是有一定的匹配能力的，识别率可达39%，准确率为60.5%；但是涉及非经典词汇语义关系词对的句子，识别难度还是比较大。同时通过对比实验发现，如果我们可以极大地扩展词对库，计算机的识别能力可以显著增强。

第二项实验是比较大型的，没有参照样本的实验。基于我们建立的数据库，要考察计算机能够在随意给定的语料中搜索正确句子的能力。结果表明，计算机对存在经典词汇语义关系词对的句子识别准确率较高，平均为 33.3%，但对存在非经典词汇语义关系的词对的句子，识别率较低。经过分析发现，要提高识别准确率，必须进一步归纳句子结构或语法特征，将这些特征转化成限制条件，提高计算机搜索的精度。

两项实验都证明，计算机可以通过匹配词汇对，搜索到具备隐性连贯关系的句子，并且不同语义关系词汇对所标记的隐性连贯关系类型是与前几章的研究相符的。我们需要做的是进一步扩大词库对和明晰限制条件，从而提高识别精度。除此以外，我们更应该考虑的是发挥计算机的机器学习能力。靠人工标注进行数据库建立，耗时耗力，在数据积累到一定程度后，我们要尝试探索通过支持向量机（Support Vector Machine）或神经网络，由计算机进行自动的深度学习，从而提高识别的自动化和智能化，这是下一步我们要努力的目标。

6 结论与展望

本研究主要包括两个部分：第一是汉语叙事语篇中词汇语义关系类型研究，旨在从真实语料中发现汉语叙事语篇，主要是相邻自然小句中存在的词汇语义关系类型，为隐性连贯关系的标记提供一个线索和分类框架。第二是词汇语义关系标记的语篇隐性连贯关系研究，旨在研究和总结词汇语义关系标记隐性连贯关系的方式和特点，并归纳两者之间的对应关系。本章首先简要总结研究的主要发现，然后指出研究的局限性，最后提出研究展望和需要进一步研究的问题。

6.1　本研究的主要发现

6.1.1　现代汉语叙事语篇中标记隐性连贯关系的词汇语义关系

　　词汇语义关系一直是语义学研究的重点，近年来，词汇语义关系的研究更受重视，因为其在语义推导、信息检索和人工智能等研究领域，正发挥着越来越重要的作用。本研究关注的是词汇语义关系在提示小句间隐性连贯关系所起到的作用。对词汇语义关系的分类，语言学、计算语言学、图书情报学等都有相关研究，笔者所做的工作是通过人工标注 20 余万字的现代汉语叙事语篇，归纳总结其中可以标记隐性连贯关系的词汇语义关系类型。

　　笔者从语料中提取了共 3 万余字具有隐性连贯关系的句子，发现其中存在经典词汇语义关系的词汇对数量占绝对优势，这些经典词汇语义关系包括同义关系、反义关系、上下义关系（同为下义）和整体与部分关系（同为部分）。其占比数量如表 6-1 所示。

表 6-1　经典词汇语义关系语料占比

词汇语义关系类型	数量比例（%）
同义关系	10.0
反义关系	13.5
上下义关系	5.0
同为下义	3.3
整体与部分关系	10.7
同为部分	3.5

　　由此可见，经典词汇语义关系在标记语篇衔接中起到重要的作用。而同时，

更重要的发现在于非经典词汇语义关系类型。在信息学和计算机科学等领域，对非经典词汇语义关系的归纳扩充日益显示出重要的价值。我们将非经典词汇语义关系分成三种类型：相关词汇（RTs），格关系和特设范畴（ad hoc categories）。对于相关词汇，Neelameghan（2001）和 Molholt（2001）等人已经总结了近 30种关系，但是我们通过研究现代汉语叙事语篇发现，很多类型并未在汉语语篇中出现，同时有些新的类型并未包括进来。因此本书总结了适合现代汉语叙事语篇，可以标记隐性连贯的相关词汇表，共计 19 种类型，其中 3 种关系类型（实体/活动出现/发生的时间、实体及其表现形式、解答关系）是新发现。（参见第 4 章表4-1）此外，对格关系中"施事/行为""施事/工具""施事/客体""行为/受事"四种关系和特设范畴中"不同事物""不同动作"这两个范畴进行了研究，发现了在汉语叙事语篇隐性连贯中它们所发挥的作用。

6.1.2　现代汉语叙事语篇中词汇语义关系与隐性连贯关系

隐性连贯关系，顾名思义，因为小句之间没有显而易见的连接关系词，其连贯关系成为"隐性"关系。对于人脑看似简单的推理任务，在没有显性关系标记的条件下，计算机的识别就变得非常困难。而词汇语义关系这张无形的网，为我们提供了一个窗口，可以帮助计算机识别部分隐性连贯关系。我们不能夸大词汇语义关系的作用，毕竟句子里成分复杂，句义千变万化，词汇义的关系不能直接等同于句子关系。但是我们在研究中发现，确实有一部分句子，结合句子结构的特点，可以通过小句中的词汇语义关系，总结推导出小句之间的连贯关系。

本书以梁国杰的汉语叙述文语篇连贯关系集为蓝本，总结出现代汉语叙事语篇隐性连贯关系集，共计 19 种，其中 4 种关系（对应关系、承接关系、举例关系、替代关系）为新发现。各种隐性连贯关系与提示该关系的词汇语义关系如表 6-2 所示。

表 6-2　词汇语义关系与连贯关系对应总结

序号	连贯关系类型	经典词汇语义关系	非经典词汇语义关系
1	阐释关系	同义关系	
2	平行关系	同义关系	特设范畴（不同事物）
		共同部分关系	特设范畴（不同动作）
		共同下义关系	

续表

序号	连贯关系类型	经典词汇语义关系	非经典词汇语义关系
3	对比关系	反义关系	
4	转折关系	反义关系	
5	总结关系	上下义关系	
6	**对应关系**	反义关系	
7	**承接关系**	反义关系	特设范畴（不同动作）
8	**举例关系**	上下义关系	
9	**替代关系**	共同下义关系	
10	环境关系		实体及其通常出现的地方
			人物及其常出现的地方
			活动及其所处环境或场景
			实体/活动出现/发生的时间
11	释因关系		因果关系
12	纪效关系		因果关系
13	目的关系		用途（材料/目标）
14	解答关系		**解答关系**
15	序列关系		序列关系
16	方式关系		活动及其所使用的方法
			活动及所使用的材料和装备
17	结果关系		活动以及结果
			特性及与之相关的行为
			情况（条件、动作）以及在该情况下可以发生的事
18	详述关系	上下义关系	实体及其制作材料
		整体与部分	实体及其属性
			实体及其测量单位
			实体及其表现形式
			模范（整体）与个体关系

序号	连贯关系类型	经典词汇语义关系	非经典词汇语义关系
19	添补关系	上下义关系	过程以及与过程相关的人
			实体及其测量单位
			格关系：施事/行为
			格关系：行为/受事

6.1.3 计算机对词汇语义关系与隐性连贯关系的识别

本研究的根本目的是为计算机服务，是为计算机通过词汇语义关系识别句子的隐性连贯关系提供语言学基础。从识别词汇语义关系到识别隐性连贯关系，涉及方方面面，但第一步要考察计算机是否可以做到识别具有一定词汇语义关系的词汇对，并将具有该词汇对的句子抽取出来，继而才可以进一步设计限制条件，帮助计算机利用我们的研究成果，判定句子的隐性连贯关系。

笔者进行了两项实验，集中考察计算机对6种较常见的词汇语义关系（3种经典词汇语义关系，3种非经典词汇语义关系）的识别能力。笔者再次选取了300余万字的语料，结合前期语料的分析结果，最后提取出具有这6种语义关系词汇对并具有隐性连贯关系的句子，共计3万余字。利用这些词汇对建立了小型数据库，在对计算机的搜索程序进行设定后，检测计算机识别匹配词汇对、抽取句子的识别率和准确率。

结果表明，基于数据库，计算机完全可以做到识别具有一定关系的词汇对的句子，特别是具有经典语义关系词汇的句子，两个实验中，计算机的识别率都达到39%和33.3%。而计算机对于非经典词汇语义关系的识别，则略显困难，识别率偏低。如果可以扩大数据库，进一步明确限制条件，计算机的识别精度是可以得到有效提升的。基于此，我们可以继续总结这类句子的语法和结构特点，帮助计算机提高识别准确度，进而帮助计算机利用词汇语义关系与连贯关系的相关性，匹配连贯关系，真正做到自动识别句子的隐性连贯关系。当然这还有相当长的路要走。

6.2 本研究的局限性

6.2.1 语料规模的限制

本研究的语料处理全部来源于《读者》杂志，且基于人工标注，这限制了语料处理的规模。有限的语料必然影响研究结果的完整性和代表性。一方面，语料规模的限制导致我们观察到的某些词汇语义关系出现频次较低，因而无法确认其存在的必然性，比如"依存关系"和"类比关系"就是我们曾经发现的两种非经典词汇语义关系，但是由于例证不足，因而无法确认其存在。另一方面，语料规模的限制使得可分析的句子数量有限，这影响我们观察某类词汇语义关系所反映的连贯关系的全貌，因而影响结论的全面性。可以想见，如果语料规模可以更加扩大，那么可能会发现更多的词汇语义关系和隐性连贯关系类型。

6.2.2 词汇语义关系和隐性连贯关系判定的盖然性

词汇之间意义关系的判定，特别是非经典语义关系中相关词汇的意义关系判定，带有一定模糊性和主观色彩。比如，"情况以及在该情况下可以发生的事"这一关系类型的判定，非常依赖于分析者的认知经验。依据词汇语义关系判定小句之间的隐性连贯关系也具有这样的问题，因为小句之间并不是词汇堆砌，而是存在句法结构和内部逻辑的。因此在研究中，笔者尽量做到客观，避免争议性和模糊性。但是不可否认，词汇语义关系和隐性连贯关系的判定具有一定的盖然性，研究还需要更加精细化和科学化。

6.2.3 计算应用的限制

本研究是面向计算，希望为计算机识别隐性连贯关系提供语言学研究的支持。在应用环节，证明了计算机从词汇语义关系入手提取具有隐性连贯关系小句的可行性，但是作为搜索库的数据量太小，影响了计算机的识别率。此外，基于人工标注的数据库建立费时低效，计算机在这个过程中只是使用了匹配搜索功能，计算机的其他功能远远没有得到开发，如何让计算机做到自主学习、自动识别，才是进一步工作的方向。

6.3　研究展望

6.3.1　大规模词汇语义关系数据库的建设

建立大规模的词汇语义关系数据库，对语篇隐性连贯计算研究具有重要的意义。本研究从词汇语义关系出发，对一定样本的语料进行了分析，得到一定数量的词汇语义关系数据，基于此，计算机可以进行匹配搜索，抽取具有隐性连贯关系的句子。但是对于真正的计算识别，还需要更大规模的数据库。我们可以以一定数量的词汇语义关系作为训练数据，最终让计算机通过自主学习，逐步了解规则，从而建立起大规模的词汇语义关系数据库，这样才能逐步完善计算机进行词汇语义关系识别的能力。

6.3.2　隐性连贯关系的计算机识别

计算机可以搜索抽取出具有一定关系的语义词汇对又具有一定隐性连贯关系的句子，这只是第一步。我们的最终目的是让计算机做到可以依靠词汇对，判断出句子的隐性连贯关系类型。我们所做的研究已经对词汇语义关系与隐性连贯关系的对应性进行了基础的归纳，但还需要对大量该类型的句子结构和语法特征进行分析，进一步归纳特点，细化规则，帮助计算机缩小范围，使之可以更为精准地做出隐性连贯关系的判断。

6.3.3　计算机深度学习的使用

当前我们所做的应用研究主要是依靠建立词汇对数据库，由计算机进行搜索匹配。而更加智能和自动化的方法是需要机器对大量的词汇语义关系和连贯关系特征进行学习，利用诸如 SVM（支持向量机）算法和神经网络等算法，做到自动学习，这是我们最终努力的目标。

6.4　结束语

本研究面向计算机自动处理语篇的需要，特别是计算机识别隐性连贯的需要，从词汇语义关系入手，基于大量真实语料，分析总结出现代汉语叙事语篇中可以标记句际隐性连贯的词汇语义关系，并归纳了各类词汇语义关系可以表征的隐性连贯关系类型，为计算机开展相关应用提供了语言学基础和语言知识资源。初步的计算机应用实验证明了计算机识别具有语义关系词对的句子的可能性，但这只是初始的一小步。语篇隐性连贯的计算非常复杂，基于词汇语义关系也只是一个突破口，所有研究都处在起步阶段，缺乏可利用的资源，特征需要进一步提取和细化，算法也有待于开发。本研究在该领域做了初步的尝试，虽然取得了一定的发现，但是还存在很多问题和不足，需要进一步研究和改进。

参考文献

[1] AITCHISON J, 1994. Words in the mind: an introduction to the mental lexicon[M]. 2nd ed. Oxford, UK: Blackwell.

[2] AITCHISON J, GILCHRIST P, BAWDEN D, 1997. Thesaurus construction and use: a practical manual[M]. 3rd ed. London: Aslib: 44.

[3] Al-HALIMI R, KAZMAN R, 1998. Temporal indexing through lexical chaining[M]//FELLBAUM C. WordNet: an electronic lexical database. Cambridge, Mass.: The MIT Press: 333-351.

[4] American Library Association, Subject Analysis Committee, Subcommittee on Subject Relationships/Reference Structures, 1997. Final report to the ALCTS/ CCS subject analysis committee[R/OL]. http://www. ala. org/alcts/organization/ ccs/sac/rpt97rev. html.

[5] ANNIE L, ARAVIND J, RASHMI P, et al., 2014. Using entity features to classify implicit discourse relations[EB/OL]. http://citeseerx. ist. psu. edu/viewdoc/summary? doi=10. 1. 1. 187. 4885.

[6] ANON, 1978. Webster's new dictionary of synonyms[M]. Springfield: G. &C Merriam Co.: 26.

[7] ASHER N, LASCARIDES A, 2003. Logics of conversation[M]. Cambridge: Cambridge University Press.

[8] BARSALOU L, 1983. Ad hoc categories[J]. Memory & Cognition, 11 (3): 211-227.

[9] BARZILAY R, ELHADAD M, 1999. Using lexical chains for text summarization[G]//MANI I, MAYBERY M. Advances in text summarization. Cambridge, Mass.: The MIT Press: 111-121.

[10] BEAN, GREEN R, 1999. Relationships in the organization of knowledge [G]. Norwell, Mass.: Kluwer Academic Publishers: 185-198.

[11] BLAKEMORE D, 2001. Discourse and relevance theory[G]// SCHIFFRIN D, TANNEN D, HAMILTON H E. The handbook of discourse

analysis. Malden, Mass.: Blackwell Publishers: 100-118.

[12] BROWN G, YULE G, 1983. Discourse analysis [M]. Cambridge: Cambridge University Press.

[13] BUDANITSKY A, HIRST G, 2001. Semantic distance in WordNet: an experimental, application-oriented evaluation of five measures [C]//WordNet and other lexical resources: applications, extensions, and customizations, NAACL 2001 Workshop. New Brunswick, N. J.: Association for Computational Linguistics: 29-34.

[14] CASAGRANDE J, HALE K, 1967. Semantic relations in Papago folk definitions[M]//HYMES D, BITTLE W. Studies in southwestern ethnolinguistics. The Hague: Mouton.

[15] CHAFFIN R, HERRMANN D, 1984. The similarity and diversity of semantic relations[J]. Memory and Cognition, 12 (2): 134-141.

[16] CHRISTOPHER G, KHOO, JIN C N, 2006. Semantic relations in information science[J]. Annual Review of Information Science and Technology, 40 (1): 157-228.

[17] CORSTON-OLIVER S H, 1998. Computing representation of the structure of written discourse: MSR-TR-98-15[R]. Technical Report.

[18] COX B, SHANAHAN E, SULZBY E, 1990. Good and poor elementary readers' use of cohesion in writing [J]. Reading Research Quarterly, 25 (1): 49-65.

[19] CRUSE D, 1986. Lexical semantic relations [M]. Cambridge, Eng.: Cambridge University Press.

[20] DE BEAUGRANDE R, DRESSLER W, 1981. Introduction to text linguistics[M]. London: Longman.

[21] EVENS M, MARKOWITZ J, SMITH R, et al., 1980. Lexical semantic relations: a comparative survey [M]. Edmonton, Alberta: Linguistic Research Inc..

[22] FANG Z, COX B, 1998. Cohesive harmony and textual quality: an empirical investigation[G]//National Reading Conference Yearbook, (47): 345-353.

[23] FELLBAUM C, 1998. WordNet: an electronic lexical database [M].
Cambridge, Mass.: The MIT Press.

[24] FILLMORE C, 1968. The case for case [M]// BACH E, HARMS R.
Universals in linguistic theory. New York: Holt, Rinehart & Winston: 1-88.

[25] FILLMORE C, 1974. Pragmatics and the description of discourse [M]//
FILLMORE C, et al. Berkeley studies in syntax and semantics. Vol. 1. Berkeley,
California: University of California.

[26] FILLMORE C, 1975. An alternative to checklist theories of meaning
[C]// Proceedings of the First Annual Meeting of the Berkeley Linguistic Society. UC
Berkeley: 123-131.

[27] FILLMORE C, 1982. Frame semantics [G]//The Linguistic Society of
Korea. Linguistics in the morning calm. Seoul: Hanshin Publishing Company: 111-
137.

[28] FILLMORE C, BAKER C, 2001. Frame semantics for text understanding
[G]// WordNet and other lexical resources: applications, extensions, and
customizations, NAACL 2001 Workshop. New Brunswick N. J.: Association for
Computational Linguistics: 59-64.

[29] FISH S, 1980. Is there a text in this class? The authority of interpretative
communities [M]. Cambridge: Harvard University Press.

[30] FOLTZ P, KINTSCH W, LANDAUER T, 1998. The measurement of
textual coherence with latent semantic analysis [J]. Discourse Processes, 25 (2,
3): 285-307.

[31] GIRJU R, GIUGLEA A, OLTEANU M, et al., 2004. Support vector
machines applied to the classification of semantic relations in nominalized noun
phrases [C]// Proceedings of the Workshop on Computational Lexical Semantics,
NAACL 2004 Workshop. New Brunswick N. J.: Association for Computational
Linguistics: 68-75.

[32] GIVON T, 1995. Coherence in text vs. coherence in mind [G]//
GERNSBACHER M A, GIVON T. Coherence in spontaneous text. Amsterdam: John
Benjamins: 59-116.

[33] GREEN R, 1995a. Syntagmatic relationships in index languages: a

reassessment[J]. Library Quarterly, 65 (4): 365-385.

[34] GREEN R, 1995b. The expression of conceptual syntagmatic relationships: a comparative survey[J]. The Journal of Documentation, 51 (4): 315-338.

[35] GREEN R, BEAN C, 2001. Relationships in the organization of knowledge[G]. Norwell, Mass. : Kluwer Academic Publishers.

[36] GROSZ B, SIDNER C, 1986. Attention, intentions, and the structure of discourse[J]. Computational Linguistics, 12 (3): 175-204.

[37] HALLIDAY M A K, 1994. An introduction to functional grammar[M]. 2nd ed. London: Edward Arnold.

[38] HALLIDAY M A K, HASAN R, 1976. Cohesion in English[M]. London: Longman.

[39] HARABAGIU S, MOLDOVAN D, 1998. Knowledge processing on an extended WordNet [G]//FELLBAUM C. WordNet: an electronic lexical database. Cambridge, Mass. : The MIT Press: 379-405.

[40] HASAN R, 1984. Coherence and cohesive harmony [G]//FLOOD J. Understanding reading comprehension: cognition, language and the structure of prose. Newark, Delaware: International Reading Association: 181-219.

[41] HOBBS J R, 1979. Coherence and co-reference[J]. Cognitive Science, 3 (1): 67-90.

[42] HOBBS J R, 1985. On the coherence and structure of discourse: No. CSLI-85-37 [R] . Stanford, CA: Center for the Study of Language and Informantion (CSLI) .

[43] HOEY M, 1991. Patterns of lexis in text [M] . Oxford: Oxford University Press.

[44] HODGSON J, 1991. Informational constraints on pre-lexical priming[J]. Language and Cognitive Processes, 6 (3): 169-205.

[45] HURFORD J R, HEASLEY B, 1989. Semantics: a course book[M]. Cambridge: Cambridge University Press.

[46] International Organization for Standardization, 1986. Guidlines for the establishment and development of monolingual thesauri: ISO2788 - 1986 (E) [S] .

Geneva: ISO.

[47] JI H, PLOUX S, WEHRLI E, 2003. Lexical knowledge representation with contexonyms[C]//Proceedings of the 9th Machine Translation Summit: 194-201.

[48] LAKOFF G, 1987. Women, fire and dangerous things[M]. Chicago: University of Chicago Press.

[49] LANCASTER F W, 1986. Vocabulary control for information retrieval [M]. Arlington, VA: Information Resources Press.

[50] LEECH G, 1981. Semantic[M]. Harmondsworth: Penguin Books.

[51] LEECH G, 1981. Semantics: the study of meaning[M]. Harmondsworth: Penguin Books.

[52] LIN Ziheng, KAN Min-yen, Hwee T N, 2014. Recognizing implicit discourse relations in the penn discourse treebank[J/OL]. http://citeseerx.ist. psu. edu/viewdoc/summary? doi=10. 1. 1. 150. 9118.

[53] LIN Ziheng, KAN Min-yen, Hwee T N, 2009. Recognizing implicit discourse relations in the penn discourse treebank[C]//Proceedings of Conference on Empirical Methods in Natural Language Processing. Singapore: EMNLP: 343-351.

[54] LONGACRE R E, 1976. An anatomy of speech notions[M]. Ghent, Belguim: The Perter de Ridder Press.

[55] LYONS J, 1977. Semantics[M]. Cambridge: Cambridge University Press.

[56] MANN W C, THOMPSON S A, 1988. Rhetorical structure theory: toward a functional theory of text organization[J]. Text, 8 (3): 243-281.

[57] MARATHE M, HIRST G, 2010. Lexical chains using distributional measures of concept distance[C]//Conference on Intelligent Text Processing and Computational Linguistics.

[58] MARCU D, ECHIHABI A, 2001. An unsupervised approach to recognizing discourse relations[C]//Proceedings of ACL: 368-375.

[59] MARTIN J, 1992. English text: system and structure[M]. The Netherlands: John Benjamins Publishing Co. .

[60] MCRAE K, BOISVERT S, 1998. Automatic semantic similarity priming

[J]. Journal of Experimental Psychology: Learning, Memory and Cognition, 24 (3): 558-572.

[61] MINSKY M, 1975. A framework for representing knowledge [G]// Winston P, The psychology of computer vision. New York: McGraw-Hill: 211-277.

[62] MOLHOLT P, 1996. A model for standardization in the definition and form of associative, interconcept links [D]. Unpublished doctoral dissertation. Rensselaer Polytechnic Institute.

[63] MOLHOLT P, 2001. The art and architecture thesaurus: controlling relationships through rules and structure[G]//BEAN C, GREEN R. Relationships in the organization of knowledge. Norwell, Mass. : Kluwer Academic Publishers: 153-170.

[64] MORRIS J, HIRST G, 1991. Lexical cohesion computed by thesaural relations as an indicator of the structure of text[J]. Computational Linguistics, 17 (1): 21-48.

[65] MOSS H, OSTRIN R, TYLER L et al. , 1995. Accessing different types of lexical semantic information: evidence from priming [J]. Journal of Experimental Psychology: Learning, Memory and Cognition, 21 (4): 863-883.

[66] MURPHY M L, 2012. Semantic relations and the lexicon[M]. 北京: 世界图书出版公司.

[67] NEELAMEGHAN A, 2001. Lateral relationships in multicultural, multilingual databases in the spiritual and religious domains: The OM Information Service [G]// BEAN C, GREEN R. Relationships in the organization of knowledge. Norwell, Mass. : Kluwer Academic Publishers: 185-198.

[68] NIELSON M, 1997. The word association test in the methodology of thesaurus construction [C]//Proceedings of the 8th ASIS SIG/CR Classification Research Workshop: 43-58.

[69] NUTTER J, FOX E, EVENS M, 1990. Building a lexicon from machine-readable dictionaries for improved information retrieval[J]. Literary and Linguistic Computing, 2 (5): 129-138.

[70] PALMER F R, 1981. Sematnics[M]. Cambridge: Cambridge University

Press.

[71] PARSONS G, 1996. The development of the concept of cohesive harmony[G]//BERRY M, BUTLER C, FAWCETT R et al. Meaning and form: systemic functional interpretation. Norwood, N. J: Ablex Publishing Corporation: 585-599.

[72] PITLER E, LOUIS A, NENKOVA A, 2009. Automatic sense predication for implicit discourse relations in text[C]//Proceedings of the 47th Annual Meeting of the ACL and the 4th IJCNLP of the AFNLP: 683-691.

[73] PITLER E, RAGHUPATHY M, MEHTA H et al. , 2008. Easily identifiable discourse relations [C]. International Conference on Computational Linguistics.

[74] QUILLIAN M, 1968. Semantic Memory [G]//MINSKY M. Semantic information processing. Cambridge, MA: The MIT Press: 216-260.

[75] QUILLIAN M, 1985. Word concepts: a theory and simulation of some basic semantic capabilities[G]//Brachman R, Levesque H. Readings in knowledge representation. Los Altos, California: Morgan Kaufman Publishers: 97-118.

[76] RAITT D I, 1980. Recall and precision devices in interactive bibliographic search and retrieval systems [C]. Alsib Proceedings, 37: 281 – 301.

[77] ROGET P, 1977. Roget's international thesaurus [M]. 4th ed. New York, NY: Harper & Row Publishers Inc. .

[78] SAEED J I, 2000. Semantics[M]. Beijing: Beijing Foreign Language and Teaching Press.

[79] SANFORD A J, GARROD S, 1981. Understanding written language [M]. Chichester: Wiley.

[80] SHANK R, ABELSON R, 1977. Scripts, plans, goals and understanding[M]. Hillsdale, New Jersey: Lawrence Erlbaum.

[81] SOWA J, 1984. Conceptual structures: information processing in mind and machine[M]. MA: Addison-Wesley.

[82] SOWA J, 1991. Principles of semantic networks: explorations in the representation of knowledge [M]. San Mateo, California: Morgan Kaufman

Publishers.

　[83] SPARCK J K, BOGURAEV B, 1985. A note on the study of cases[J]. Computational Linguistics, 13: 65-68.

　[84] SPELLMAN B, HOLYOAK K, MORRISON R, 2001. Analogical priming via semantic relations[J]. Memory and Cognition, 27 (3): 383-393.

　[85] SPITERI L, 2002. Word association testing and thesaurus construction: defining inter-term relationships[C]//Proceedings of the 30th Annual Conference of the Canadian Association for Information Science: 24-33.

　[86] THOMPSON-SCHILL S, KURTZ K, GABRIELI J, 1998. Effects of semantic and associative relatedness on automatic priming[J]. Journal of Memory and Language, 38: 440-458.

　[87] VAN D, TEUN A, 1977. Text and context: explorations in the semantics and pragmatics of discourse[M]. London: Longman.

　[88] VICKERY B, 1996. Conceptual relations in information systems[letter to the editor][J]. The Journal of Documentation, 52 (2): 198-200.

　[89] VOSSEN P, 1998. EuroWordNet: a multilingual database with lexical semantic networks[M]. Dortrecht: Kluwer.

　[90] WANG Y C, VANDENDORPE J, EVENS M, 1985. Relational thesauri in information retrieval[J]. Journal of the American Society for Information Science, 36 (1): 15-27.

　[91] WARREN H, 1921. A history of the association psychology[M]. New York, NY: Charles Scribner's Sons: 249-255.

　[92] WIDDOWSON H G, 1978. Teaching language as communication[M]. Oxford: Oxford University Press.

　[93] WILLETTS M, 1975. An investigation of the nature of the relation between terms in thesauri[J]. Journal of Documentation, 31: 158-184.

　[94] WINSTON E, CHAFFIN R, HERRMANN D, 1987. A taxonomy of part-whole relations[J]. Cognitive Science, 11 (4), 417-444.

　[95] WOLF F, GIBSON E, 2005. Representing discourse coherence: a corpus-based study[J]. Computational Linguistics, 31 (2): 249-287.

　[96] WOLF F, GIBSON E, 2006. Coherence in natural language: data

structures and applications[M]. Cambridge, MA：The MIT Press.

[97] ZHOU Zhimin, XU Yu, NIU Zhengyu et al., 2010. Predicting discourse connectives for implicit discourse relation recognition[C]//Proceedings of Coling：1507-1514.

[98] 陈平, 1991. 现代语言学研究：理论、方法与事实[M]. 重庆：重庆出版社：182.

[99] 崔复爱, 1957. 现代汉语词义讲话[M]. 济南：山东人民出版社.

[100] 杜世洪, 2012. 脉络与连贯：话语理解的语言哲学研究[M]. 北京：人民出版社.

[101] 方清明, 王葆华, 2012. 汉语怎样表达整体-部分语义关系[J]. 世界汉语教学, 26 (1).

[102] 菲尔墨, 2012. "格"辨[M]. 胡明扬, 译. 北京：商务印书馆.

[103] 冯志伟, 2012. 自然语言处理简明教程[M]. 上海：上海外语教育出版社.

[104] 符淮青, 1996. 词义的分析和描写[M]. 北京：语文出版社.

[105] 符淮青, 2004. 现代汉语词汇[M]. 北京：北京大学出版社：101.

[106] 高名凯, 1948. 汉语语法论[M]. 上海：上海开明书店.

[107] 何蔼人, 1957. 普通话词义[M]. 上海：新知识出版社.

[108] 胡裕树, 1981. 现代汉语：上册[M]. 上海：上海教育出版社.

[109] 胡壮麟, 2010. 语言学教程[M]. 北京：北京大学出版社.

[110] 胡壮麟, 1994. 语篇的衔接与连贯[M]. 上海：上海外语教育出版社.

[111] 黄文坚, 唐源, 2017. TensorFlow 实战[M]. 电子工业出版社.

[112] JAMES P, AMBER S, 2017. 面向机器学习的自然语言标注[M]. 邱立坤, 金澎, 王萌, 译. 机械工业出版社.

[113] 姬少军, 1992. 谈谈对上下义关系的理解[J]. 现代外语 (1)：38.

[114] 贾彦德, 1999. 汉语语义学[M]. 北京：北京大学出版社.

[115] 莱考夫, 2017. 女人、火与危险事物：范畴显示的心智 (一)[M]. 李葆嘉, 章婷, 邱雪政, 译. 北京：世界图书出版公司.

[116] 郎曼, 2012. 语篇微观连贯的认知研究[J]. 解放军外国语学院学报, 35 (3)：19-24.

［117］李航，2016. 统计学习方法［M］. 清华大学出版社．

［118］李红印，2001. 现代汉语颜色词词汇语义系统研究［D］. 北京：北京大学博士论文．

［119］李佐文，2003. 话语联系语对连贯关系的标示［M］. 山东外语教学（1）：32-36.

［120］黎良军，1995. 汉语词汇语义学论稿［M］. 桂林：广西师范大学出版社．

［121］廖秋忠，1992. 廖秋忠文集［M］. 北京：北京语言学院出版社．

［122］梁国杰，2016. 面向计算的语篇连贯关系及其词汇标记型式研究［D］. 北京：中国传媒大学博士学位论文．

［123］梁茂成，2006. 学习者书面语语篇连贯性的研究［J］. 现代外语（3）：284-292.

［124］鲁川，林杏光，1989. 现代汉语语法的格关系［J］. 汉语学习（5）：11-15.

［125］鲁松，宋柔，2001. 汉英机器翻译中描述型复句的关系识别与处理［J］. 软件学报（1）：83-93.

［126］苗兴伟，1998. 论衔接与连贯的关系［J］. 外国语（4）：44-49.

［127］苗兴伟，1999. 关联理论对语篇连贯性的解释力［J］. 外语教学与研究（3）：9-14.

［128］裴江南，张彬，2012. 客观知识体系中语义关系的分析分类研究［J］. 情报学报，31（6）：259-267.

［129］石安石，1993. 语义论［M］. 北京：商务印书馆．

［130］宋柔，2000. 现代汉语书面语中跨小句的句法关系［R］. 香港：香港城市大学讲座．

［131］STEVEN B，EWAN K，EDWARD L，2014. Python 自然语言处理［M］. 张旭，崔阳，刘海平，译. 北京：人民邮电出版社．

［132］孙常叙，1957. 汉语词汇［M］. 长春：吉林人民出版社．

［133］孙常叙，2006. 汉语词汇：重排本［M］. 北京：商务印书馆．

［134］王惠，2004. 现代汉语名词词义组合分析［M］. 北京：北京大学出版社．

［135］王力，1980. 新训诂学［M］//龙虫并雕斋文集. 北京：中华书局．

[136] 王勤，武占坤，1959. 现代汉语词汇[M]. 长沙：湖南人民出版社.

[137] 王知津，赵梦菊，2014. 论知识组织系统中的语义关系（上）[J]，信息组织，222：65-69.

[138] 王知津，赵梦菊，2014. 论知识组织系统中的语义关系（下）[J]，信息组织，223：67-71.

[139] 伍铁平，1986. 论颜色词及其模糊性[J]. 语言教学与研究（2）：88-105.

[140] 吴军，2014. 数学之美[M]. 北京：人民邮电出版社.

[141] 吴为章，田小琳，2000. 汉语句群[M]. 北京：商务印书馆.

[142] 邢福义，2001. 汉语复句研究[M]. 北京：商务印书馆.

[143] 乐明，2006. 汉语财经评论的修辞结构标注及篇章研究[D]. 北京：中国传媒大学博士学位论文.

[144] 姚双云，2012. 面向中文信息处理的汉语语法研究[M]. 武汉：华中师范大学出版社.

[145] 俞士汶，2003. 计算语言学概论[M]. 北京：商务印书馆.

[146] 詹人凤，1997. 现代汉语语义学[M]. 北京：商务印书馆.

[147] 张德禄，2003. 语篇连贯与衔接理论的发展及应用[M]. 上海：上海外语教育出版社.

[148] 张德禄，1999. 语篇连贯研究纵横谈[J]. 外国语（6）：24-31.

[149] 张德禄，2000. 论语篇连贯[J]. 外语教学与研究（2）：103-109.

[150] 张静，1957. 词汇学讲话[M]. 武汉：湖北人民出版社.

[151] 张牧宇，宋原，秦兵，等，2013. 中文篇章级句间语义关系识别[J]. 中文信息学报（6）：51-57.

[152] 张志毅，张庆云，2001. 词汇语义学[M]. 北京：商务印书馆.

[153] 周志华，2016. 机器学习[M]. 北京：清华大学出版社.

[154] 周祖谟，1959. 汉语词汇知识讲话[M]. 北京：人民教育出版社.

[155] 朱永生，1995. 衔接理论的发展与完善[J]. 外国语（3）：36-41.

[156] 朱永生，1996. 试论语篇连贯的内部条件（上）[J]. 现代外语

（4）：17-19.

［157］朱永生，1997. 试论语篇连贯的内部条件（下）［J］. 现代外语
（1）：11-14.

［158］朱永生，郑立信，苗兴伟，2001. 英汉语篇衔接手段对比研究［M］.
上海：上海外语教育出版社.

［159］宗成庆，2013. 统计自然语言处理［M］. 北京：清华大学出版
社：292.

［160］邹嘉彦，连兴隆，高维君，等，1998. 中文篇章中的关联词语及
其引导的句子关系的自动标注：面向话语分析的中文篇章语料库的开发
［C］//1998 中文信息处理国际会议论文集. 北京：清华大学出版社：288-
297.

后　记

经过几年的研究、写作和修改，这本小书终于要完成了。本书在写作过程中始终得到了我的导师李佐文教授的悉心帮助与指导。是李老师带我走进了语言学的殿堂，激发了我研究语言学的兴趣，引领我接触语言学研究的前沿。他有着一名学者的社会责任感，鼓励我们要攀高创新，为语言学特别是语言学在人工智能领域的应用发展贡献自己的才智。在我博士学习期间，李老师总是不厌其烦，耐心指导，为我答疑解惑。在遇到瓶颈时，老师的点拨和鼓励，使我坚定了继续努力的决心。他以严谨的学风影响着我，以高尚的情操、完善的人格感染着我。老师不仅是我学术上的领路人，也是我为人处世的楷模。在本书即将付梓之际，再次对我的导师李佐文教授表示衷心的感谢！

这本书能够最终问世，也得益于很多专家、学者的关怀和指导。对外经贸大学的向明友教授，北京师范大学的苗兴伟教授，北京第二外国语学院的司显柱教授，北京语言大学的吴平教授，中华女子学院的刘利群教授，中国传媒大学的李大勤教授、赵雪教授和侯福莉教授，先后给我提出了宝贵的意见和建议，在此一并表示深深的谢意。

感谢我的学长河北大学侯晓舟副教授、北京外国语大学张天伟副教授、中国传媒大学刘颖副教授、海南大学朱燕副教授、中国传媒大学郭彬彬副教授、聊城大学梁国杰副教授、中国传媒大学严玲教授，感谢我的学友和师弟师妹：胡正艳，刘鹏，王莹，龙飞，孙秋月，李楠。他们在我研究和写作过程中给予了无私的帮助和支持！特别感谢北京理工大学的李之桐硕士，她在计算机数据处理方面提供的帮助，使本研究的应用和验证得以实现。

最特别的感谢要送给我的家人。感谢父母，在我既要工作又要读书的这几年，帮我照顾家庭，默默地付出，无言地支持。感谢我的先生，一直是我坚强的后盾，在我困惑迷茫的时候，宽慰我，鼓励我，使我可以坚持不懈。感谢女儿，她是我欢乐的源泉，给我奋斗的动力。

最后，感谢所有帮助过我的研究与写作的人，感谢你们一直以来对我的关心、鼓励与帮助！

2019 年 9 月

于远洋山水寓所